高 等 学 校 教 材

# 仪器分析实验

■ 叶美英　主编
■ 程和勇　邱瑾　副主编

化学工业出版社
·北京·

《仪器分析实验》是在长期教学、科研和教学实践的基础上编写而成的。全书共6章，包括仪器分析实验基础知识、光谱分析实验、电化学分析实验和色谱分析实验，以及综合实验和设计实验。共编入基本实验30个，综合实验3个，设计实验6个。其中设计实验既可在各章实验完成后立即让学生作相应仪器的设计实验，也可作为一个大综合实验。每个实验均扼要介绍本章实验涉及的基本原理、相关的仪器及使用方法。

《仪器分析实验》可作为高等院校化学、化工、环境、材料、生物、食品等专业的实验教材，也可供从事分析测试工作的科技人员参考。

### 图书在版编目（CIP）数据

仪器分析实验/叶美英主编． —北京：化学工业出版社，2016.8（2024.8重印）

高等学校教材

ISBN 978-7-122-27426-7

Ⅰ.①仪… Ⅱ.①叶… Ⅲ.①仪器分析-实验-高等学校-教材 Ⅳ.①O657-33

中国版本图书馆CIP数据核字（2016）第143262号

---

责任编辑：杜进祥　　　　　　　　　　文字编辑：向　东
责任校对：宋　夏　　　　　　　　　　装帧设计：韩　飞

---

出版发行：化学工业出版社（北京市东城区青年湖南街13号　邮政编码100011）
印　　装：北京虎彩文化传播有限公司
787mm×1092mm　1/16　印张9½　字数225千字　2024年8月北京第1版第4次印刷

购书咨询：010-64518888　　　　　　　售后服务：010-64518899
网　　址：http://www.cip.com.cn
凡购买本书，如有缺损质量问题，本社销售中心负责调换。

---

定　　价：24.00元　　　　　　　　　　　　　　　　版权所有　违者必究

# 前 言

仪器分析是高等院校化学专业的一门基础课。它是采用比较复杂或特殊的仪器设备，研究物质的化学组成、状态和结构的分析测试方法，也是许多其他学科如生物医药、材料科学、环境科学等学科的重要研究手段。随着科学技术的发展和各种先进分析仪器的不断出现，开设的仪器分析实验课程的内容也不断改革、不断丰富、不断更新。通过仪器分析及实验的学习，可以使学生掌握常用仪器分析方法的基本原理和提升应用这些方法解决相应问题的能力，同时掌握一些仪器的基本操作和技能，培养学生实事求是的科学态度和严谨的工作作风。

本书是在我们多年的教学实践经验的基础上，参考其他院校的实验教材编写而成的。主要内容包含实验室安全知识、实验数据处理和样品处理方法等仪器分析实验基础知识；原子发射光谱法、原子吸收光谱法、紫外-可见分光光度法、荧光分析法、电位分析法、电解及库仑分析法、伏安分析法、气相色谱、液相色谱、毛细管电泳、离子色谱等内容的仪器分析实验。本书共有基本实验30个，实验内容除了帮助理解分析化学的方法原理外，以实际样品为主要对象，加大了样品的取样、预处理在实验中的比重，以体现本实验课程的应用价值。

分析对象除部分纯样品外，涵盖了食品、药物、环境、材料、生物医学等领域实际样品。这些样品包含了气、液、固和生物样品等多种形态。它们的取样和预处理技术是多方面的，包括吸收法的气体采样、样品的微波消解、萃取富集、超声波溶解等。这些训练对提高学生解决实际问题的能力是十分有益的。

为培养学生分析问题和解决问题的能力，本书将实验分为基本实验、综合实验及设计实验3类编写。基本实验是学生的入门实验，是学生学习本课程最基本的内容，重在方法原理和基本操作等方面，叙述得较为细致详尽；综合实验在样品处理和应用方面为学生开阔视野，为进一步开展能力训练提供条件，让学生有更多的思考和综合锻炼的机会；设计实验是对同一复杂样品中的不同类型的组分用所学的仪器分析方法进行测定，设计实验为学生的自主学习提供了更开阔的舞台，仅提供实验内容的背景，完成实验的提示。让学生自己查阅文献、设计实验方案和步骤，完成实验后按论文格式写出实验报告。在实验类型的编排上，通常可以在每类方法的基本实验和综合实验之后安排一个设计实验，使学生在掌握每种方法的基本原理和基本操作的基础上，可以完全独立自主地根据样品类型和分析要求设计实验步骤，完成实验内容。也可作为一个大综合实验，让学生在完成所有基础实验后进行，可以提高学生综合应用所学知识的能力。

为提高学生自主学习的能力，本书在涉及每一种类型的仪器的第一个实验后都附有仪器的操作说明，并在每个实验中都列出了实验记录表格。使学生可以通过预习实验内容和仪器操作说明，明确仪器操作规程、实验的操作步骤及所需记录及处理的数据，减少学生实验的盲目性。

本书由叶美英主编，程和勇、邱瑾副主编，参加本书编写工作的还有李莉、王园朝等教师。全书由叶美英修改定稿。杭州师范大学材料与化学化工学院分析化学教研室的许多老师都先后参加本实验课程的教学，为本书的编写做出了贡献。已退休的付水玉老师编写的《仪器分析实验讲义》是本书编写的基础，实验员何田老师为本书中各实验的编写和验证做了大量的实验准备工作，王燕青、王娜娜、余碧君、高婷婷、杨晓玲对本书中各实验做了验证和修改工作。在此对参与本书建设的老师和同学谨致衷心地感谢！

限于编者水平，书中不足之处在所难免，恳请读者批评指正。

编者

2016 年 3 月

# 目 录

## 第一章 仪器分析实验基础知识

第一节　仪器分析实验的基本要求 ———————————————— 1
第二节　实验数据处理 ———————————————————— 3
第三节　样品预处理方法 ——————————————————— 10
参考文献 ————————————————————————— 17

## 第二章 光谱分析实验

实验 1　发射光谱定性和半定量分析 —————————————— 18
实验 2　食物样品中无机盐类元素的光谱定性及半定量分析 ———— 25
实验 3　高压微波消解，火焰原子吸收法测定头发中微量元素 —— 27
实验 4　原子吸收分光光度法测定茯苓中铜的含量 ———————— 33
实验 5　原子吸收光谱仪的特征浓度和检出限的测定 ——————— 36
实验 6　双波长分光光度法测定 $Cr^{3+}$ 和 $Co^{2+}$ 混合液的组成 ———— 38
实验 7　芳香化合物的紫外吸收光谱 —————————————— 40
实验 8　磷钼蓝分光光度法测定环境水样中的磷 ————————— 42
实验 9　荧光光度法测定阿司匹林中乙酰水杨酸 ————————— 44
实验 10　荧光光谱法测定饮料中氨基酸的含量 ————————— 47
实验 11　荧光光度法测定样品中维生素 $B_2$ 的含量 ——————— 49
参考文献 ————————————————————————— 52

## 第三章 电化学分析实验

实验 12　饮料 pH 值的测定 ————————————————— 53
实验 13　饮料酸度的测定 —————————————————— 57
实验 14　直接电位法测定牙膏中的氟含量 ——————————— 60
实验 15　库仑滴定法测定砷 ————————————————— 62

实验 16　环境水样化学耗氧量（COD）的测定 ———————— 65
实验 17　循环伏安法测定电极反应参数 ————————————— 70
实验 18　循环伏安法研究乙酰氨基苯酚的氧化反应机理 ———— 72
实验 19　恒电位电解法制备金膜电极 ——————————————— 75
实验 20　金膜电极差分脉冲阳极溶出伏安法测定水样中
　　　　　砷（Ⅲ）———————————————————————————— 77
实验 21　植物油中生育酚的伏安行为及其含量测定 ———————— 78
参考文献 —————————————————————————————————— 81

## 第四章　色谱分析实验

实验 22　气相色谱分离系统的评价及定性法定量分析 ———————— 82
实验 23　气相色谱法测定乙醇中微量水 ——————————————— 87
实验 24　室内空气中苯、甲苯、对二甲苯的测定 ——————————— 88
实验 25　阿司匹林的液相色谱检测 ——————————————————— 91
实验 26　高效液相色谱法测定甲醛的色谱条件考察 ————————— 93
实验 27　高效液相色谱法测定空气中的甲醛含量 —————————— 96
实验 28　维生素 E 胶囊中维生素 E 的定量分析（UV-VIS 法及
　　　　　HPLC 法）———————————————————————————— 98
实验 29　毛细管电泳法分析苯系物 —————————————————— 101
实验 30　毛细管电泳检测水样中硝酸盐、亚硝酸盐 ————————— 105
参考文献 ————————————————————————————————— 107

## 第五章　综合实验

实验 31　强酸型阳离子交换树脂的制备、交换量测定及其在大米
　　　　　中痕量镉富集-火焰原子吸收法测定的应用 ————————— 108
实验 32　铋膜电极差分脉冲溶出伏安法测定土壤中的锌、
　　　　　铅、镉 ——————————————————————————————— 113
实验 33　毛细管电泳法测定食盐和紫菜中碘离子和碘酸根含量 —— 116
参考文献 ————————————————————————————————— 120

## 第六章　设计实验——苹果汁的组成分析

实验 34　紫外吸收光谱测定苹果汁中的苯甲酸 ————————————— 121
实验 35　苹果汁中氨基态氮的测定方法（甲醛值法）————————— 122

实验36　库仑滴定法测定苹果汁中的维生素C ……………………… 123
实验37　苹果汁中K离子的测定 ………………………………………… 125
实验38　苹果汁中有机酸的分析 ………………………………………… 126
实验39　苹果汁中有机磷农药残留的测定 ……………………………… 127

## 附录　设计实验参考讲义

实验34　紫外吸收光谱测定苹果汁中的苯甲酸 ………………………… 130
实验35　苹果汁中氨基态氮的测定方法（甲醛值法） ………………… 131
实验36　库仑滴定法测定苹果汁中的维生素C ……………………… 133
实验37　苹果汁中K离子的测定 ………………………………………… 135
实验38　苹果汁中有机酸的分析 ………………………………………… 137
实验39　苹果汁中有机磷农药残留的测定 ……………………………… 139
参考文献 ……………………………………………………………………… 141

# 第一章 仪器分析实验基础知识

## 第一节 仪器分析实验的基本要求

### 一、仪器分析实验课的任务与要求

仪器分析是一门实践性很强的学科。仪器分析实验课的任务是使学生通过实验加深对仪器分析基本理论的理解,从而掌握近代各种仪器分析、分离方法的基本理论和实验技能。仪器分析实验特别是大型仪器分析实验的操作比较复杂,影响因素比较多,信息量大,需要对大量的实验数据分析和图谱解析来获得有用信息,通过仪器分析实验可以使学生加深对仪器分析各种方法原理的理解,进一步巩固课堂教学效果,培养学生养成严格、认真和实事求是的科学态度,提高观察、分析和解决问题的能力,为学习后继课程和将来从事实际工作打下良好的基础。为了完成上述任务,特提出以下要求。

#### (一) 实验预习

预习是能否做好实验的基础。所以,学生在实验之前,一定要在听课和复习的基础上,认真阅读有关实验教材,明确本实验的目的、任务、有关原理、分析方法和分析仪器工作的基本原理,仪器主要部件的功能、操作的主要步骤及注意事项,做到心中有数。并写好实验报告中的部分内容,以便实验时及时、准确地进行记录。

预习是做好实验的前提和保证,预习工作可以归纳为看、查、写。

(1) 看——认真阅读实验教材、有关参考书及参考文献、实验视频;做到:

① 明确实验目的,掌握实验原理及相关计算公式;熟悉实验内容、主要操作步骤及数据的处理方法;提出注意事项,合理安排实验时间,使实验有序、高效地进行。

② 观看视频,预习(或复习)仪器的基本操作和使用。

(2) 查——查找手册和有关资料,并列出实验中出现的化合物的性能和物理常数。查询实验思考题涉及的问题。

(3) 写——在看和查的基础上认真写好预习报告。

仪器分析实验预习报告格式如下:

实验××(具体实验名称) 日期 合作者

一、实验目的

参照每个实验每一个具体实验的实验目的。

二、实验原理

参照每个实验每一个具体实验的实验原理,用简练的语言表达清楚。

三、仪器与试剂

写明主要的仪器与试剂。

四、实验步骤

写明简要的实验步骤。

五、数据记录及处理

明确实验需要记录哪些数据，设计数据记录表格。明确实验结果的处理方法，未知样浓度的计算方法等。

六、注意事项

七、思考题

应预先完成思考题。不清楚的问题可在上课时向老师提问。

(二) 实验操作

① 应做到手脑并用。在进行每一步操作时，都要积极思考这一步操作的目的和作用，每人都必须备有实验记录本和报告本，要细心观察实验现象和仔细记录实验条件、实验现象和分析测试的原始数据；学会选择最佳的实验条件；积极思考、勤于动手，培养良好的实验习惯和科学作风。

② 应严格地遵守实验操作规程及注意事项。在使用不熟悉其性能的仪器和试剂之前，应查阅有关书籍（或讲义）或请教指导教师，详细了解仪器的性能。不要随意进行实验，以免损坏仪器、浪费试剂、使实验失败。更不得随意旋转仪器按钮、改变仪器工作参数等。防止损坏仪器或发生安全事故。

③ 自觉遵守实验室规则，保持实验室整洁、安静，使实验台整洁、仪器安置有序，注意节约和安全。实验中如发现仪器工作不正常，应及时报告教师处理。

(三) 实验结束

对实验所得结果和数据，按实际情况及时进行整理、计算和分析，重视总结实验中的经验教训，认真填写实验记录。写好实验报告后，按时交给指导老师。实验完毕应及时洗涤、清理仪器，切断（或关闭）电源和水阀。

在做记录和写报告时，应注意以下几个问题。

① 实验报告大体包括下列内容：实验名称、实验日期、实验目的、实验原理（简要）、实验主要内容与步骤，测量所得数据（可列表格表示），各种实验现象与注解，计算和分析结果，问题和讨论。其中前五项及记录表格应在实验预习时写好，简要地用文字或化学反应式说明实验涉及的化学反应及原理；简要地画出实验流程图。其余内容则应在实验过程中以及实验结束时写好。写明实验现象。

② 记录和计算必须准确、简明（但必要的数据和现象应记全）、清楚，要使别人也容易看懂。用文字或表格或图形将实验数据表示出来，将实验得到的原始图全部或选取具有代表性的部分附在实验报告上。根据实验要求及计算公式计算出分析结果，并对分析结果进行有关数据和误差处理，尽可能地使记录表格化。

③ 问题讨论包括实验教材上的思考题，结合仪器分析理论教学中的有关知识，对实验现象、产生的误差等进行讨论和分析。

④ 记录本的篇页都应编号，不要随便撕去。严禁在小片纸上记录实验数据和现象。

⑤ 记录和计算若有错误，应划掉重写，不得涂改，绝对不允许私自凑数据。

⑥ 在记录或处理分析数据时，一切数字的准确度都应做到与分析的准确度相适应，即记录或计算到第一位可疑数字为止。

## 二、仪器分析实验室的安全规则

在仪器分析实验中，经常使用有腐蚀性的易燃、易爆或有毒的化学试剂，大量使用易损的玻璃仪器和某些精密分析仪器，实验过程中也不可避免用电、水等。为确保实验的正常进行和人身及设备安全，必须严格遵守实验室的安全规则。

(1) 实验室内严禁饮食、吸烟，一切化学药品禁止入口，实验完毕须洗手；水、电、气用后应立即关闭；离开实验室时，应仔细检查水、电、气、门、窗是否均已关好。

(2) 了解实验室消防器材的正确使用方法及放置的确切位置，一旦发生意外，能有针对性地扑救。实验过程中，门、窗及换风设备要打开。

(3) 使用电气设备时，应特别细心，切不可用潮湿的手去开启电闸和电器开关。凡是漏电的仪器不可使用，以免触电。

(4) 使用精密分析仪器时，应严格遵守操作规程，仪器使用完毕后，将仪器各部分复原，并关闭电源，拔去插头。

(5) 浓酸、浓碱具有腐蚀性，尤其是浓 $H_2SO_4$ 配制溶液时，应将浓酸缓缓注入水中，不得将水注入酸中，以防止浓酸溅在皮肤和衣服上。使用浓 $HNO_3$、$HCl$、$H_2SO_4$、氨水时，均应在通风橱中操作。

(6) 使用四氯化碳、乙醚、苯、丙酮、三氯甲烷等有机溶剂时，一定要远离火源和热源。使用完毕后，将试剂瓶塞好，放在阴凉（通风）处保存。低沸点的有机溶剂不能直接在火焰上或热源上加热，而应在水浴上加热。

(7) 热、浓的高氯酸遇有机物常易发生爆炸，汞盐、砷化物、氰化物等剧毒物品使用时应特别小心。

(8) 储备试剂、试液的瓶上应贴有标签，严禁非标签上的试剂装入试剂瓶。自试剂瓶中取用试剂后，应立即盖好试剂瓶盖。决不可将已取出的试剂或试液倒回试剂瓶中。

(9) 将温度计或玻璃管插入胶皮管或胶皮塞前，用水或甘油润滑，并用毛巾包好再插，两手不要分得太开，以免折断划伤手。

(10) 加热或进行反应时，人不得离开。

(11) 保持水槽清洁，禁止将固体物、玻璃碎片等扔入水槽，以免造成下水道堵塞。

(12) 发生事故时，要保持冷静，针对不同的情况采取相应的应急措施，防止事故扩大。

(13) 仪器使用完毕，必须在《仪器使用记录本》上填写有关内容，责任老师检查仪器完好后方可离去。

# 第二节　实验数据处理

化学实验中的误差分析及数据处理研究，是培养具有一定化学基础知识和操作技能的复合型人才的需要。化学实验中误差分析及数据的处理包括对实验现象的观察、实验数据的记录、实验中出现误差的分析及表示方式等。对实验数据的分析和研究，可以激发学生的探究兴趣，从而发现新情况、解决新问题，更好地适应社会的要求。

由于分析测试过程的复杂性与影响因素较多，而各因素的影响又难以完全控制，再完善的实验原理，性能再好的仪器和药品，再正确的实验操作方法等，其实验结果都不可避免地存在误差。从测定误差的角度考虑，测定值是一个以概率取值的随机变量，不可避免地受到随机误差和系统误差的影响，使得测量值具有统计波动性。因此需要采用科学的方法去分析和处理这些测试数据，发现其中的统计规律性，进而得出符合客观实际的科学结论。

## 一、分析结果的表示方法

① 在分析测定过程中，由于误差是不可避免存在的，因此要在同一实验条件下对相同样品测定多次，通常3~5次以上。常用数次测定结果的平均值表示测定结果。统计学证明，在一组平行测定值中，平均值是最可信赖的值，它反映了该组数据的集中趋势。

② 一组平行测定结果相互接近的程度称为精密度，反映了测定值的再现性。它是人们衡量测定结果的重要因素。在数理统计中，一般采用标准偏差（$s$）来衡量数据的精密度。

$$s = \sqrt{\frac{\sum (x_i - \bar{x})^2}{n-1}} \tag{1-1}$$

③ 在无真实值的情况下，需要在测量值附近估计出真实值可能存在的范围以及这一范围估计正确与否的概率，由此引出置信区间与置信度的问题。置信区间是在一定置信度下，以测定结果为中心的、包括总体平均值 $\mu$ 在内的可靠性范围。置信度 $P$ 是测定值在置信区间内出现的概率（也称置信概率、置信水平、可信度）。一般分析化学选90%或95%。则平均值的置信区间可表示为：

$$\mu = \bar{x} \pm \frac{ts}{\sqrt{n}} \tag{1-2}$$

式中，$s$ 为标准偏差；$n$ 为测定次数；$t$ 为在选定的某一置信度下的概率系数，可根据测定次数 $n$ 和置信度由表1-1查得。置信区间越小，$\bar{x}$ 和 $\mu$ 越接近，平均值的可靠性就越大。测定次数越多、精密度越高、$s$ 越小，置信区间越小。分析测试的目的是要获得测定量真值的近似值及估计近似的程度，因此应按式(1-2)报告测定量值。

④ 在对数据进行处理和报告分析测试结果时，必须遵守有效数字的修约规则。在分析测试数据时，记录的数据与表示结果的数值所具有的精确度应与所使用的测量仪器和工具的精确度相一致。对测试数据的尾数进行取舍时，应采用"四舍六入五成双"的修约规则。

表1-1  $t$ 值表

| 测定次数 $n$ | \ $t$ 值 | 置信度（$P$） | |
|---|---|---|---|
| | 90% | 95% | 99% |
| 2 | 6.314 | 12.706 | 63.657 |
| 3 | 2.920 | 4.303 | 9.925 |
| 4 | 2.353 | 3.182 | 5.841 |
| 5 | 2.132 | 2.776 | 4.604 |
| 6 | 2.015 | 2.571 | 4.032 |
| 7 | 1.943 | 2.447 | 3.707 |
| 8 | 1.895 | 2.365 | 3.500 |
| 9 | 1.860 | 2.306 | 3.355 |

## 二、分析数据可靠性检验

### (一) 异常值的判断与处理

在一组测量值中,有时个别的测量值比其余的测量值明显地偏大或偏小,称为离群值(可疑值)。对可疑值的取舍实质是区分可疑值与其他测量值之间的差异到底是由过失还是由随机误差引起的。在原因不明的情况下,必须按照一定的统计方法进行检验,然后再作出判断。检验同一组测量值中的异常值,常用的方法有格鲁布斯(Grubbs)检验法和 $Q$ 值检验法。

**1. $G$ 检验法**

基本步骤:

(1) 由小到大排列数据:$x_1, x_2, \cdots, x_{n-1}, x_n$;

(2) 求出平均值 $\bar{x}$ 及标准偏差 $s$;

(3) 求出可疑值的 $G_{计}$:

$$G_{计} = \frac{\bar{x} - x_1}{s} \quad \text{或} \quad G_{计} = \frac{x_n - \bar{x}}{s}$$

(4) 根据测定次数和指定的置信度,查表得 $G_{表}$ 值(表 1-2);

**表 1-2 $G$ 值表**

| 测定次数 $n$ \ $G$ 值 | 置信度($P$) | | |
|---|---|---|---|
| | 95% | 97.5% | 99% |
| 3 | 1.15 | 1.15 | 1.15 |
| 4 | 1.46 | 1.48 | 1.49 |
| 5 | 1.67 | 1.71 | 1.75 |
| 6 | 1.82 | 1.89 | 1.94 |
| 7 | 1.94 | 2.02 | 2.10 |
| 8 | 2.03 | 2.13 | 2.22 |
| 9 | 2.11 | 2.21 | 2.32 |
| 10 | 2.18 | 2.29 | 2.41 |
| 11 | 2.23 | 2.36 | 2.48 |

(5) $G_{计} > G_{表}$,弃去可疑值,反之保留。

**2. $Q$ 值检验法(适于测定次数 3~10 次)**

基本步骤:

(1) 由小到大排列数据:$x_1, x_2, \cdots, x_{n-1}, x_n$;

(2) 求出极差:$x_n - x_1$;

(3) 求出可疑值的 $Q_{计}$:

$$Q_{计} = \frac{x_2 - x_1}{x_n - x_1} \quad \text{或} \quad Q_{计} = \frac{x_n - x_{n-1}}{x_n - x_1}$$

(4) 根据测定次数和指定的置信度,查表得 $Q$ 值(表 1-3);

**表 1-3 $Q$ 值表**

| 测定次数 $n$ \ $Q$ 值 | 置信度($P$) | | |
|---|---|---|---|
| | 90% | 95% | 99% |
| 3 | 0.94 | 0.98 | 0.99 |
| 4 | 0.76 | 0.85 | 0.93 |
| 5 | 0.64 | 0.73 | 0.82 |

续表

| 测定次数 $n$ \ $Q$值 | 置信度($P$) | | |
|---|---|---|---|
| | 90% | 95% | 99% |
| 6 | 0.56 | 0.64 | 0.74 |
| 7 | 0.51 | 0.59 | 0.68 |
| 8 | 0.47 | 0.54 | 0.63 |
| 9 | 0.44 | 0.51 | 0.60 |
| 10 | 0.41 | 0.48 | 0.57 |
| 11 | 0.52 | 0.58 | 0.68 |

(5) $Q_{计} > Q_{表}$，弃去可疑值，反之保留。

**(二) 准确度的检验和评定方法**

为了检验一个分析方法是否可靠，有没有系统误差，是否有足够的准确度，常用以下3种方法：标准物质检查法；标准方法对比检查法；加标回收评估法。

1. 标准物质检查法

用标准物质检查系统误差，使测定结果与标准物质的标准量值相联系，从而使测定结果具有溯源性。因此用标准物质检查系统误差是最可靠的。具体做法是：在测定试样时，同时在相同条件下、相同分析过程下测定标准物质，如果测定标准物质的值在一定置信度下与标准物质的标准量值相符，说明测定方法和测定过程不存在系统误差，测定结果是可靠的。相反，如果测得标准物质的量值在一定置信度下与标准物质的标准量值有显著性差异，表明测定方法或测定过程或两者同时存在系统误差。

2. 标准方法对比检查法

用标准方法检查系统误差的具体做法是：用标准分析方法和现场分析方法同时测定同一试样，比较两种分析方法的测定结果。如果量值的测定结果在一定置信度水平没有显著性差异，说明现场测定方法不存在系统误差，测定结果是可靠的。两种方法的测定结果在一定置信度水平有没有显著性差异，可用 $t$ 检验法进行检验。首先要求这两种方法的测定结果的精密度一致，为此可采用 $F$ 检验法进行判断。$F$ 检验又称方差比检验：

$$F = \frac{s_{大}^2}{s_{小}^2} \tag{1-3}$$

式中，$s_{大}$ 和 $s_{小}$ 分别代表两组数据中标准偏差大的数值和小的数值，若 $F_{计算} < F_{表}$（见表1-4），再继续用 $t$ 检验判断两种方法的测定结果是否有显著性差异。若 $F_{计算} > F_{表}$，则不

**表1-4　$F$ 值表**（$P = 0.95$）

| $f_{s_{小}}$ \ $f_{s_{大}}$ | 2 | 3 | 4 | 5 | 6 | 7 | 8 | 9 |
|---|---|---|---|---|---|---|---|---|
| 2 | 19.00 | 19.16 | 19.25 | 19.30 | 19.33 | 19.36 | 19.37 | 19.38 |
| 3 | 9.55 | 9.28 | 9.12 | 9.01 | 8.94 | 8.88 | 8.84 | 8.81 |
| 4 | 6.94 | 6.59 | 6.39 | 6.26 | 6.16 | 6.09 | 6.04 | 6.00 |
| 5 | 5.79 | 5.41 | 5.19 | 5.05 | 4.95 | 4.88 | 4.82 | 4.78 |
| 6 | 5.14 | 4.76 | 4.53 | 4.39 | 4.28 | 4.21 | 4.15 | 4.10 |
| 7 | 4.74 | 4.35 | 4.12 | 3.97 | 3.87 | 3.79 | 3.73 | 3.68 |
| 8 | 4.46 | 4.07 | 3.84 | 3.69 | 3.58 | 3.50 | 3.44 | 3.39 |
| 9 | 4.26 | 3.86 | 3.63 | 3.48 | 3.37 | 3.29 | 3.23 | 3.18 |

能用此法进行判断。按式(1-4)计算 $t$ 值。若 $t_{计算} > t_{表}$，则现场分析方法测定值 $\bar{x}$ 与标准方法测定值 $\mu$ 之间的差异可认为是随机误差引起的正常差异。若 $t_{计算} \leqslant t_{表}$，则 $\bar{x}$ 与 $\mu$ 之间的差异可认为是随机误差引起的正常差异。$t_{表}$ 值见表 1-1。

$$t = \frac{|\bar{x} - \mu|}{s}\sqrt{n} \tag{1-4}$$

### 3. 加标回收评估法

这是当今普遍采用的一种检查系统误差的方法。如果存在的系统误差是比例系统误差，测定误差随被测物质的量而改变，进行加标回收实验，通过计算回收率来评估系统误差是可行的。

回收试验是在测定试样某组分含量（$x_1$）的基础上，加入已知量的该组分（$x_2$），再次测定其组分含量（$x_3$）。由回收试验所得数据可以计算出回收率，见式(1-5)。

$$回收率 = \frac{x_3 - x_1}{x_2} \times 100\% \tag{1-5}$$

由回收率的高低来判断有无系统误差的存在。对常量组分回收率要求高，一般为 99% 以上，对微量组分回收率要求在 95%～110%。

## 三、评价分析方法和分析结果的基本指标

一个好的分析方法应具有良好的检测能力，易获得可靠的测定结果，有广泛的适用性。因此，在评价分析方法时，应给出方法的检出限、灵敏度、校正曲线的线性范围、抗干扰能力等特征参数。

### （一）检出限和灵敏度

灵敏度（$S$）是低浓度区域校正曲线的斜率，表示被测组分的量或浓度改变一个单位时分析信号的变化量。

$$S = \frac{dA}{dc}$$

式中，$\frac{dA}{dc}$ 为校准曲线的斜率。

检出限是指产生一个能够确证在试样中存在某元素的分析信号所需的该元素的最小量或最小浓度。在测定误差遵从正态分布的条件下，指能以 99.7% 的置信度检出的元素的最低浓度或最小检出量。可测量的最小检测信号为空白溶液多次测量平均值与 3 倍空白溶液测量的标准偏差 $\sigma$ 之和，它所对应的被测元素的量或浓度即为最小检出量 $q_L$ 和最小检出浓度 $c_L$ 即为检出限。

$$S = \frac{dA}{dc} = \frac{A_L - \bar{A}_{空白}}{c_L} = \frac{3\sigma}{c_L} \tag{1-6}$$

$$c_L = D_c = \frac{3\sigma}{S_{相对}} \tag{1-7}$$

$$q_L = \frac{3\sigma}{S_{绝对}}$$

灵敏度受元素本身性质及仪器性能影响，提高灵敏度，可降低检出限，但噪声也会增

大。检出限与噪声有关，并明确指出测定的可靠程度，更能反映仪器的工作性能。检出限的内涵是只有高出检出限的浓度才能被正确检出。降低噪声，提高测定精密度是改善检出限的有效途径。

### (二) 定量限

定量限亦称测定限（$c_m$），是指定量分析方法实际可能测定的某组分下限。它不仅与测定的噪声有关，而且也受到空白值（背景）绝对水平的限制。

$$c_m = \frac{A_1 - A_b}{s} = \frac{(k-1)A_b}{s} \tag{1-8}$$

式中，$A_b$ 为空白值；$A_1$ 为分析信号；$k = A_1/A_b$。

### (三) 精密度

精密度是指在确定条件下，平行测定多次，所得结果之间的一致程度。精密度的大小常用标准偏差表示［见式(1-1)］。

### (四) 线性范围

一个分析方法的适用性，包括含量或浓度适用范围和对不同类型样品的适用性。含量和浓度适用性用校正曲线的线性范围来衡量，线性范围越宽越好。

## 四、定量分析方法

在目前国内使用的仪器分析教材中，当介绍每一种仪器分析方法的应用时，均要涉及它的定量分析方法。与经典的化学分析不同，除少数仪器方法（如：库仑分析，电重法，热分析法等）外，一般都需要有与待测物质相同的标准样品，并以如下关系式为基础进行定量分析。

$$R = f(c) \tag{1-9}$$

式中，$R$ 为测得的净响应信号（扣除背景的读数）；$c$ 为物质的浓度（或含量）。当 $f(c)$ 为线性函数时，式(1-9)可以写成：

$$R = K_1 c \tag{1-10}$$

当 $f(c)$ 为非线性函数时，式(1-9)可以写成：

$$R = A + K_2 B \tag{1-11}$$

式中，$B$ 为浓度的非线性函数。

式(1-10)、式(1-11)中的常数 $K_1$、$K_2$ 和 $A$ 与选用的仪器、样品的物理化学性质以及基体组成等因素有关。

一般来说，最常用的定量方法有三种：工作曲线法、标准加入法、内标法。在选择定量方法时，必须考虑仪器方法、仪器的响应、样品基质中存在的干扰；被分析样品中的样品数等诸因素的影响，才能得到准确度高的分析数据。

### (一) 工作曲线法

工作曲线法又称为外标法。它是根据式(1-10)或式(1-11)，配制一系列已知浓度的标准样品，测得每一浓度对应的净响应 $R$ 后，以 $R$ 对浓度 $c$ 或 $B$ 作图得到如图1-1和图1-2所示的工作曲线。然后在相同的条件下，测定样品的净响应值 $R$。对于有线性响应的仪器方法

（如原子吸收光谱法、紫外-可见分光光度法等），从图 1-1 中找到 $R$ 对应的 $c$，即可得到样品的浓度。对于有非线性响应的分析方法如电位法，从图 1-2 中找到与样品浓度有函数关系的 $B$ 以后，通过计算求得样品的浓度。显然，工作曲线法实际上是利用标准样品测得式(1-10)或式(1-11)中的常数后，又用该式来确定样品的浓度。外标法适用范围广，是仪器分析中最基本的定量方法。

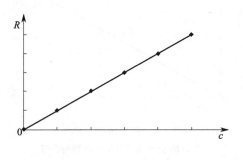
图 1-1　$R=K_1 c$ 时的工作曲线

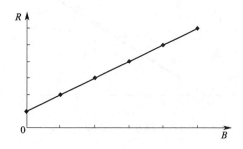
图 1-2　$R=A+K_2 B$ 时的工作曲线

在采用外标法时，样品的浓度或含量范围应在工作曲线的线性范围内。为了提高测定的准确度，绘制工作曲线的条件应与测定样品的条件尽量保持一致，否则不宜用此法。

**（二）标准加入法**

标准加入法又称为添加法和增量法。为了减小样品中基体效应带来的影响，不仅标准样品的浓度应与样品浓度相近，而且在基体组成上应尽量与样品相似。例如：用光度法测定钛（Ⅳ）时，是用 $Ti^{4+}$ 与 $H_2O_2$ 在一定浓度的 $H_2SO_4$ 介质中生成黄色配合物 $TiO(H_2O_2)^{2+}$ 的显色反应。当试样中有 $Fe^{3+}$ 干扰时，可用 $H_3PO_4$ 掩蔽。但加入 $H_3PO_4$ 后，会降低钛配合物的吸光度。为此，可在试液和标准溶液中分别加入同量的 $H_3PO_4$，以减小基体效应的影响。

但是当测定矿物、土壤、植物等样品时，制备与样品相似的基体物是极其困难的，甚至是不可能的。因此常采用标准加入法来减小或消除基体效应的影响。

总的来说，标准加入法是将已知量的标准样品加入到一定量的待测样品中后，测得样品量和标准样品量的总响应值（或其函数）后，进行定量分析。标准样品加入到待测样品中的方法主要有两种方式：第一种方式是在数个等量的样品中分别加入成比例量的标准样品，然后稀释到一定体积。根据测得的净响应值 $R$，绘制 $R$（或其函数）-$c$（或添加量）曲线。用外推法即可求出稀释后样品中待测物的浓度（或含量），如图 1-3 所示。若已证实上述方法得到的校正曲线是一直线，则在分析其他样品时，只需测定一份加入了标准样品的试液和未加入标准样品的试液，测得其对应的响应值 $R_T$ 和 $R_x$ 后，代入

$$c_x = c_s R_x / (R_T - R_x) \tag{1-12}$$

可求得 $c_x$。

当样品的基体效应复杂，如黏度、表面张力、火焰的影响和样品溶液的其他物理和化学性质不能在标准溶液中精确重现时，宜采用本法进行定量分析。第二种方式是在把大浓度、小体积的标准样品逐次加入到一份待测试液的过程中，分别测定其对应的净响应值。与第一种方式一样，可以多次加入标准样品以绘制工作曲线，也可只加入一次，然后再仿照式(1-12)的推导过程，用得到的相应关系式进行计算。显然，多次加入的方法可提高精度。当试样量

较少，采用第一种方式有困难时，宜采用这种加入方式。在电分析法中，由于标准样品和待测样品在某些性质如：pH 值、离子强度、温度、黏度以及不纯物或干扰物的类型不同时，常使用此法以获得较工作曲线法更为精确的测定结果。

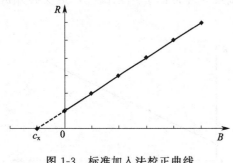

图 1-3　标准加入法校正曲线

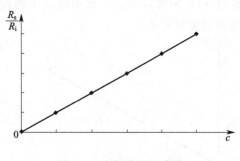

图 1-4　内标法校正曲线

$R_s$、$R_i$ 分别为样品及内标物响应值

由于未知样品和标准溶液是在相同条件下测定的，所以基体效应灵敏的伏安法几乎都采用此法进行定量分析。在电位法中，由于响应值符合 Nernst 方程，使得标准加入法变得较为复杂，若运用 Gran 作图法，则可使该法大为简化。

值得注意的是，用标准加入法进行定量分析时，必须满足如下条件：①分析物浓度为零时，不能产生响应，否则必须设法扣除；②仪器的响应（或其函数）必须是分析物浓度（或其函数）的一个线性函数。

（三）内标法

内标法是在样品和含量不同的一系列标准样品中，分别加入固定量的纯物质（内标物）。当测得分析物和内标物对应的响应后，以分析物和内标物的响应比（或其函数）对分析物浓度（或含量）作图，即可得到相应的校正曲线，如图 1-4 所示。最后用测得的样品与内标物的响应比（或其函数）在校正曲线上得到对应于样品的浓度（或含量）。不难看出，内标法实际上是外标法的一种改进。

在内标法的测定过程中，即使影响响应的一个或几个参数发生了变化，由于内标物和待测样品受到同等的影响，响应比仍取决于试样的浓度。使用内标法时正确选择内标物的类型及浓度是十分重要的。一般来说，内标物在物理和化学性质上要类似于分析物，其信号既不能干扰分析物的响应，又不被样品中其他组分干扰，并且具有易于测量的信号。为了减小计算响应比的误差，内标物的浓度与分析物的浓度应控制在同一数量级上。在影响响应参数较多的仪器分析方法中，为了获得精确的结果，宜采用内标法，如气相色谱法和发射光谱法。

## 第三节　样品预处理方法

样品前处理在仪器分析过程中是一个既耗时又极易引进误差的步骤，样品前处理的好坏直接影响分析的最终结果。样品预处理的目的就是将微量或痕量的待测组分富集，去除干扰待测组分的物质，或者是将无法被仪器分析的待测组分转化成可被仪器分析的物质。预处理过程在整个分析过程中占用的时间和精力最多，预处理程度决定分析样品能否满足所用分析仪器的要求，因此它直接影响分析结果的可靠性和准确性。因此，为了提高仪器分析的测试效率，选择合适的样品预处理的方法和技术是个重要的问题。

## 一、样品前处理应遵守的原则

① 采集的样品要能满足分析测试的目的，采集的样品要有代表性，故在采样的时间和地点、采样的方法、采样的量等方面作充分考虑。采样装置应保证采样时样品组成不发生变化。

② 样品处理前应首先了解分析测试的目的和欲测组分的物理、化学性能，对样品的基本情况（如：物理性能、化学组成等）也应有所了解，以便选择适当的、合理的处理方法。

③ 要防止污染。污染是限制灵敏度和检出限的重要原因。主要污染来源是水、大气、容器和所用的试剂。即使最纯的离子交换水，仍有 $10^{-11} \sim 10^{-9}$ mol/L 的杂质。在普通的化学实验室中，空气中常含有 Fe、Cu、Ca、Mg、Si 等元素，一般来说大气污染很难校正。容器污染程度视其质料、经历而不同，且随温度升高而增大。对于容器的选择要根据测定的要求而定，容器必须洗净，对于不同容器，应采取各自合适的洗涤方法。

④ 避免损失。浓度很低（1 μg/mL）的溶液由于吸附等原因，一般来说是不稳定的，不能作为储备溶液，使用时间最好不要超过 1～2 天。作为储备液用配制浓度较大（如 1000 μg/mL 以上）的溶液。无机储备液或试样溶液放置在聚乙烯容器中，维持必要的酸度，保存在清洁、低温、阴暗的地方。有机溶液储存过程中，应避免与塑料、胶木瓶盖等直接接触。

## 二、无机样品预处理方法

在大多数情况下，供试样品都需要进行消解，破坏基体和转为溶液，使被测元素转化为适于测定的形式。消解样品的方法有碱熔法、燃烧法、干灰化法、湿消解法和微波消解法等。其他样品预处理方法还有沉淀分离法、配位掩蔽法、皂化法、磺化法、盐析法等化学分离技术。以及稀释法、浸取法、乳化法和悬浮液法等不破坏基体的制样方法，处理后的样品可以直接进样分析。

### （一）碱熔法

碱熔法是用碱熔剂与样品混合，在高温下熔融分解样品，然后用合适的酸（通常是盐酸或硝酸），有时还加入某种配合剂溶解熔块，所得到的溶液作为试液。通常使用混合熔融剂，如碳酸钠＋过氧化钠、碳酸钠＋硼酸钠等，其中一种碱起助熔剂的作用。常用的碱熔剂有过氧化钠、氢氧化钠、氢氧化钾、碳酸钠、碳酸钾、碳酸锂、偏硼酸锂等。不同的熔融剂须使用不同材质的坩埚。

碱熔法的主要优点是熔样速度快，熔样完全，特别适用于元素全分析；各种氧化物、磷酸盐、硅酸盐、氟化物以及耐火材料、玻璃和陶瓷类样品都可熔融分解。碱熔法的缺点是在测试时熔融样品引入大量的碱熔剂，导致干扰的出现；碱熔法不适于制备需要测定汞、硒、铅、砷、镉等易挥发元素的样品。

### （二）燃烧法

燃烧法是将样品置于充有常压或高压氧的密闭容器中进行燃烧，被测元素转化为氧化物或气态化合物被吸收液吸收，随后将吸收液作为试液。燃烧法多用于含硫、卤素和痕量元素的有机化合物样品，通过燃烧可以使有机物迅速氧化分解。其优点是被测元素没有挥发损失，除吸收液外不消耗试剂，空白值低，不污染环境。

### （三）干灰化法

干灰化法是在一定气氛和一定温度范围内加热，灼烧破坏有机物和分解样品，将残留的矿物质灰分溶解在合适的稀酸中作为随后测定的试样。干灰化法操作简单，无试剂沾污，空白值低，容易根据随后测定方法的需要灵活地选择溶解灰分的酸及其用量。干灰化法分为高温灰化法和低温灰化法。

1. 高温灰化法

高温灰化法是将样品置于合适材质的坩埚中，在电热板上慢慢灰化样品，然后放入高温马弗炉中，依样品类型的不同慢慢升温分解样品。灰化温度一般控制在500～600℃，少数样品可提高至800℃。当需测定样品中挥发性元素时，灰化温度应低于500℃，有时还需加入灰化助剂，以提高灰化温度。灰化时间的长短主要取决于样品的种类和样品量，一般控制在4～8h。高温灰化法的优点是能灰化大量样品，但容易造成汞、镉、砷、锑、铋、铅、硒等元素的挥发损失，铬、铜、铁、镍、钒、锌等也会以金属单质、氧化物、氯化物或有机金属化合物的形式挥发损失，损失的程度取决于元素及其在样品中的存在形态，亦受灰化温度和灰化时间的影响。测定生物组织中不易挥发的元素尤其是难熔元素，用干灰化法处理样品是特别合适的。

2. 低温灰化法

低温灰化法又称为氧等离子体灰化法，是在130～670Pa压力、高频电场振荡下，使氧形成具有极强氧化能力的氧等离子体（活性氧），在低温下（<150℃）缓慢氧化分解有机样品。灰化速度与等离子体的功率、流速和样品量等有关。灰化时间取决于样品性质和样品量，一般需4～8h。低温灰化法的优点是减少了沾污，避免了挥发损失。该方法特别适合于处理需测定硒、砷、锑、铅、镉等较易挥发元素的生物样品和有机聚合物样品，如测定聚合物中的易挥发元素，用这种方法处理样品是合适的。

### （四）湿消解法

湿消解法是用适当的酸或混酸分解样品，使被测元素形成可溶性盐。每一种酸对样品中某一或某些组分的溶解能力，取决于酸与样品基体及被测组分相互作用的性质。一种样品通常含有多种组分，只用一种酸有时不能完全分解样品，因此，经常使用含酸混合物（混酸、酸+氧化剂、酸+催化剂）消解样品，如 $HNO_3 + H_2SO_4$，$HNO_3 + HClO_4$，$HNO_3 + HCl$，$HNO_3 + HF$，$HCl + H_2O_2$，$H_2SO_4 + HF$，$HNO_3 + H_2SO_4 + HClO_4$，$HNO_3 + H_2SO_4 + H_2O_2$，$H_2SO_4 + HNO_3 + V_2O_5$，$HCl + HNO_3 + HF$ 与 $HCl + HNO_3 + HF + HClO_4$ 等，以充分发挥不同酸和试剂的协同作用，有时还加入 Mo(VI) 或 V(V) 等催化消解，以加快消解速度，保证试样分解完全。选择何种消解体系取决于样品的种类、基体和被测元素的性质。

对于一种分析样品，消解方法可有多种选择，同一消解方法也可以适用于多种分析样品，各种不同样品的消解方法可以互相借鉴。

用酸分解样品的优点是：

① 可以综合利用不同酸的特性，使绝大多数样品很好地分解；
② 样品分解完全；
③ 分解速度快；
④ 不引入其他阳离子；
⑤ 多余的酸易于除去。

湿消解法通常使用敞口容器（加盖表面皿或漏斗）消解样品，设备和操作过程简单，但试剂消耗量大，溶样时间长，污染环境，容易造成元素挥发性损失和沾污。

### （五）微波消解法

微波消解法是一种新的样品分解技术，是将样品放置在微波炉内特制的溶样罐中，利用微波辐射加热分解样品，按照严格的程序控制溶样过程。微波位于红外辐射与无线电波之间，能穿透一些介质，将能量直接辐射到反应物上。

物质分子在微波电磁场作用下发生瞬时极化。样品与消解液混合物吸收微波能量之后，由于离子传导与偶极子转动，产生内部热效应，迅速提高反应体系的温度。消解液分解试样，使被测组分释放出来。用微波消解试样时，所使用的盛样容器材料对微波是透明的，温度较低，与溶液接触的热分子与器壁碰撞时将能量传给相对较冷的器壁，这样由容器底部到顶部形成了一个温度梯度，消解酸气在顶部又冷凝返回液相。因此在微波消解试样时有较高的溶样温度，又只有比相应于该温度下通常平衡压力较低的内压力，这对保证消解操作的安全性是有利的，这正是在密闭容器内微波消解样品的优点。

建立对一种试样的微波密闭消解方法，必须对试样要有所了解，如样品基体的组成和化学性质；待测元素的性质及含量的估计；有关此类样品的分解方法、文献报道、工作经验，尤其是密闭消解的应用。因为试样在微波场中吸收微波的能量、升温的快慢、产生压力的大小以及发生化学反应的速度和程度都和试样的组成、浓度、性质有关。要从以下三个方面着手考虑与选择。

1. 样品的称样量

我们在考虑称样量时，首先考虑后面的检测方法，是用化学法、AAS 法、ICP-AES 法还是其他方法。各种测定方法有不同的灵敏度和检测限。要求消解定容后的浓度要高于检测限。一般高于检测限几倍，几十倍更好，RSD 就更小。同时还要考虑样品的均匀性和代表性，这将影响检测结果的准确性。上述两方面都希望称样量不能太小，要多一些好。

用微波消解还有一方面要考虑。从安全性来说，称样量要少些好，因为试样与酸在密闭系统中，反应产生的气体压力增大。样品量越多，产生的气体越多，压力就越大。如果反应很激烈，产生的气体非常快，使压力瞬间增大，就有引起爆炸的危险，所以要限制称样量。通常无机样品称样量为 0.2~2g，有机样品为 0.1~1g。当然，还要看密闭消解的溶样罐的容积大小，罐大的称样量可多些。当加入酸后最初反应很激烈，产生气体较多时，为了安全，可以先在常压下反应，待反应平缓后再放入微波炉中消解。

2. 消解所用酸的种类和用量

消解试样的目的是通过试样与酸反应把待测物变成可溶性物质。如金属元素变成可溶性盐，成为离子状态存在于溶液中。酸的用量以完成反应所需量即可。

消解试样使用最广泛的酸是 $HNO_3$、HCl、HF、$HClO_4$ 等。这些都是良好的微波吸收体，它们在微波炉中的稳定性、沸点和蒸气压以及与试样的反应均已知。

微波消解试样时要注意以下几点。

① 试样添加酸后，不要立即放入微波炉，要观察加酸后试样的反应。如果反应很激烈：起泡、冒气、冒烟等，需要先放置一段时间，等待激烈反应过后再放入微波炉升温。因为反应激烈的情况下将盖盖上，密闭微波加热，容易引起爆炸。对加酸后初期反应很激烈的试样，一次加酸的量不要太多，可将酸分几次加完。对于有的样品，可将酸加入试样中浸泡过夜，待到次日再放入微波炉中消解，效果会更好。

② 对于硫酸、磷酸等高沸点酸应在低浓度以及严格温控的条件下使用。

③ 应尽量避免使用高氯酸。

④ 由样品和试剂组成的溶液总体积不要超过 20 mL。

⑤ 对具有突发性反应和含有爆炸组分的样品不能放入密闭系统中消解。如：炸药、乙炔化合物、叠氮化合物、亚硝酸盐等物质。

3. 微波加热的功率与时间

分解试样所需的能量取决于样品的用量、组成、试剂（酸）的种类及用量、容器的耐压耐温能力以及炉内样品的个数。炉内样品个数多，所需的微波功率大、时间长。密闭体系中介质的离子强度和极性决定了加热速度，离子强度大，体系升温快。

在微波溶样时，可采用预消解把样品组成中一些低分子的有机物、还原性强的有机物、具挥发性的物质在常压下先与酸反应或采用阶梯式升高加热功率的方法。避免因反应过于剧烈或分解产生大量的气体（如硝酸被分解成 $NO_2$ 等）而使压力骤升。

实际使用时，先用低功率、低压力、低温度，用短的加热时间，观察压力上升的快慢。经几次实验，当了解了消解试样的特性，方可一次设置高压、高温和长的加热时间。只要根据上述所介绍的方法，选择合适的消解条件，各种试样都能在短时间内消解好。

## 三、有机组分样品预处理方法

### （一）蒸馏

蒸馏是最常用的样品分离、纯化、浓缩的方法，是利用液体混合物中各组分的沸点不同进行分离的。蒸馏分常压蒸馏、减压蒸馏和水蒸气蒸馏。常压蒸馏是在大气压下进行的，又分为简单蒸馏和分馏两种。分馏的分离效率比简单蒸馏要高得多。常压蒸馏适用于一般液体和低熔点固体的分离。减压蒸馏是在低于大气压下进行的蒸馏，适用于沸点较高或热不稳定化合物的分离。物质的沸点随压力的降低而下降，当压力降到 20mmHg（1mmHg=133.3Pa）时，化合物的沸点比常压下降低 100～200℃，因此，减压蒸馏可使高沸点化合物在较低温度下沸腾，避免化合物的分解。此外，减压蒸馏还可以提高某些化合物的分离度。

水蒸气蒸馏也是分离和提纯有机化合物的常用方法。该方法是在难溶或不溶于水的有机物中通入水蒸气或与水一起共热，使有机物随水蒸气一起蒸馏出来。有机物中通入水蒸气后，当总蒸气压等于大气压时，该混合物开始沸腾，显然，混合物的沸点低于其中任何一个组分的沸点，也就是说，这些化合物可以在比正常沸点低得多的温度下被蒸馏出来。因此，它的作用类似减压蒸馏。

水蒸气蒸馏适用于如下类型的样品处理：

① 常压下易分解的高沸点有机物与植物样品；

② 含有较多的固体有机物和不挥发杂质，这些固体有机物和不挥发杂质用一般方法不易分离。

### （二）萃取

萃取是指物质从一相转移到另一相的过程，由一种液相转移到与之不相溶的另一种液相叫液-液萃取，由固相转移到溶剂中叫固-液萃取。萃取分间歇式和连续式。间歇式萃取常用分液漏斗来完成，即将盛有样品和萃取剂的分液漏斗振摇一段时间后，液相萃取即可实现。间歇式萃取操作简单方便，但萃取效率低；连续式萃取具有萃取效率高、溶剂用量小的优点，但设备比较复杂。

固-液萃取也分间歇式和连续式两种。间歇式可以在一般玻璃容器内进行。萃取前样品要粉碎，萃取时可以加热回流，也可以搅拌和超声振荡。连续固-液萃取一般在脂肪提取器（也称索氏提取器）中进行。由于固-液传质速度较慢，因此固-液萃取需要较长的时间，几小时甚至更长时间。

液-液萃取适用于水中有机物分析，例如，水中有机污染物分析和饮料中有机添加剂分析。固-液萃取适用于固体样品中有机成分分析，例如，中药材中有效成分分析，空气飘尘中多环芳烃分析等。

### （三）色谱法

色谱法是样品制备与前处理的重要方法之一。早期经常使用柱色谱和薄层色谱进行样品的分离与纯化。柱色谱是将混合样品加在装有填料的玻璃柱上端，用适当的淋洗剂自上而下地淋洗，基于样品中各组分与柱中填料作用力强弱的不同而彼此分离，在柱下端收集适当组分供分析使用。由于柱色谱（经典色谱）法分离效率较低，因此，这种方法只能得到一定程度的纯化。若利用现代化的高效液相色谱制备技术，则可得到很纯的样品，制备量可以达到毫克级以上。

利用色谱技术还可以富集样品。柱色谱填料如果是吸附剂，可以用来对气、液样品中的痕量组分进行浓缩富集。例如，当水样通过装有 XAD-2 或 XAD-8 填料的色谱柱时，水中有机物被填料吸附，用溶剂将填料所吸附的有机物洗脱，当溶剂挥发后有机物实现了富集，富集后的样品可以进行气相色谱-质谱（GC-MS）等仪器分析。

又如当空气依靠抽气泵通过装有 Tenax 吸附剂的色谱柱时（低温或室温），空气中有机物被吸附，加热解吸或利用溶剂洗脱后，可进行气相色谱（GC）或气相色谱-质谱分析。这种方法在水分析、空气质量分析及超纯气体分析中经常采用。现在，已有专门用于水、大气中微量有机物捕集，热脱附的仪器，经捕集、热脱附后直接进行气相色谱或气相色谱-质谱分析。

### （四）固相萃取法

固相萃取法实际上是色谱法的一种，由于这种方法发展很快，设备配套，应用广泛，已经单独作为一种预处理方法。它的核心是一种填充固定相的短色谱柱（长约5cm）。柱材料一般为聚丙烯，也可用玻璃和不锈钢制作。所用填料与高效液相色谱柱填料相仿，例如烷基键合固定相、氰基键合相、氨基键合相、硅胶等，不同填料适用于不同的富集对象。

使用固相萃取柱时先用适当溶剂将固相萃取柱的吸附剂润湿（称为活化处理），然后加入一定体积的被处理溶液，使其完全通过吸附柱。这时大量溶剂与不被保留的组分从柱中流出，被萃取组分则保留在吸附剂上，再用适当溶剂洗涤萃取柱，除去不需要的组分，然后用洗脱液把保留在萃取柱中的欲测定组分洗脱下来，收集备用。为了加速样品溶剂流过固相萃取柱，萃取柱通常与真空系统相连，通过调节真空度，可以控制溶剂的流量。

### （五）膜分离技术

利用不同高分子膜对不同化合物的渗透性有所不同，将欲测组分与样品基体和干扰组分分离。在样品处理中常用的膜分离技术有：渗析、超滤和电渗析。由于膜分离技术具有装置结构简单、操作程序方便、无需有机溶剂处理、可与各种分析仪器直接连接，易于实现自动化和在线操作等，所以膜分离技术可应用于各类仪器分析的样品处理。

### （六）吹扫-捕集技术

吹扫-捕集技术实质上是一种连续气体萃取技术（属于动态顶空技术），吹扫气（一般使用氮气）通过液体或固体样品，将样品中的可挥发组分（其中包括欲测组分）带出，然后用冷冻或固体吸附剂吸附的方法，将欲测组分捕集下来，再通过热解吸的方法，将欲测组分解吸下来，进入分析仪器分析。吹扫-捕集技术主要用于气相色谱和气相色谱-质谱分析可挥发性化合物，特别是分析水中有机挥发性化合物。该技术已列入美国 EPA 方法中水中有机挥发性化合物分析的标准方法。

### （七）超临界流体萃取

超临界流体是流体界于临界温度及压力时的一种状态，超临界流体萃取的分离原理是利用超临界流体的溶解能力与其密度的关系，即利用压力和温度对超临界流体溶解能力的影响而进行萃取的。它克服了传统的索式提取费时费力、回收率低、重现性差、污染严重等弊端，使样品的提取过程更加快速、简便，同时消除了有机溶剂对人体和环境的危害，并可与许多分析检测仪器联用。在医药、食品、化学、环境等领域应用最为广泛。

### （八）衍生技术

衍生是样品制备与前处理中常用的化学方法，其主要目的是提高灵敏度和选择性，扩大仪器的应用范围。在仪器分析中，某些对于仪器没有响应或响应不敏感的样品可以通过衍生技术改变其组成，从而达到能够检测或提高检测灵敏度的目的。化学衍生必须满足以下几个要求，一是反应条件易控制，操作简单；二是反应必须能定量进行，至少反应的转化率要恒定，应能满足定量分析的要求；最后反应产物易于纯化，不引进新的干扰组分。

1. 酯化衍生法

在气相色谱或气相色谱-质谱分析中，经常遇到有机酸类的样品，由于有机酸分子极性较大，挥发性差，温度过高又容易分解，因此给分析带来一定的困难。如果将酸类样品变成相应的较易挥发的酯类样品，则容易分析得多。常用的酯化方法有两种：一种是有机酸与醇直接酯化，另一种是有机酸与重氮甲烷反应生成甲酯。

（1）直接酯化法　反应通式为

$$RCOOH + R'OH \rightleftharpoons RCOOR' + H_2O$$

反应常用的催化剂有浓硫酸、三氟化硼、三氟乙酸酐等。一般反应容易进行，回流加热可以提高反应速率。例如，测定某食品中脂肪酸的含量时。可用试样 50mg，加入 1mL 15% 的 $BF_3$-$CH_3OH$ 溶液，于 80℃ 下加热回流 5min，冷却后加入氯化钠水溶液，用 3mL 正己烷提取，分层后直接取上层正己烷溶液进行气相色谱分析即可。

（2）重氮甲烷法　反应通式为

$$RCOOH + CH_2N_2 \Longrightarrow RCOOCH_3 + N_2 \uparrow$$

此法反应产率很高，产物纯度也很高，可以在室温下进行，是甲酯化的理想方法。值得注意的是，重氮甲烷有毒性，易爆炸。因此，一般将其溶解在乙醚中使用。制备羧酸衍生物时，将这种乙醚溶液加到试样的乙醚溶液中。随即见有氮气气泡产生，加到溶液的黄色不褪为止，这表明有过量的重氮甲烷存在。乙醚挥发一部分后，取剩余部分进行气相色谱分析。

上述酯化方法主要用于气相色谱和气相色谱-质谱分析。

2. 紫外-可见衍生法

在紫外-可见光谱分析中，由于某些化合物没有紫外吸收，使其应用范围受到很大限制。高效液相色谱分析中也经常遇到同样问题。紫外-可见衍生技术，是在待测组分的分子上接上具有紫外-可见光吸收的官能团（生色团），有了生色团后就可直接进行紫外-可见光谱分析。常用的衍生化试剂及应用如下所述。

① 对硝基溴化苄：与羧酸反应生成酯，具有强紫外吸收。
② 3,5-二硝基苯甲酰氯：与羟基化合物生成酯，具有强紫外吸收。
③ 2,4-二硝基苯肼：与羰基化合物反应，具有强紫外吸收。
④ 茚三酮与氨基酸生成蓝紫色化合物，其最大吸收波长为 570nm。

3. 荧光衍生法

荧光检测器灵敏度比紫外检测器灵敏度高出 3 个数量级，很适用于痕量分析，对于痕量的高级脂肪酸、氨基酸、生物胺、生物碱等不发荧光的化合物，可以通过荧光化试剂生成能发荧光的化合物，常用的荧光化试剂有丹酰氯（用于氨基酸、伯胺、仲胺、酚等）、荧光胺（用于氨基酸、伯胺等）。

## 参考文献

[1] 赵文宽，方佑龄. 仪器分析中的定量方法[J]，大学化学，1993，8：50-52.
[2] 陈培榕，李景虹，邓勃. 现代仪器分析实验与技术. 第2版[M]. 北京：清华大学出版社，2006：6-37.
[3] 张剑荣. 余晓冬. 屠一锋. 方惠群. 仪器分析实验. 第2版[M]. 北京：科学出版社，2009：1-20.
[4] 刘家常，刘芳芳. 仪器分析中的样品前处理技术[J]. 食品研究与开发，2012，33（9）：228-230.
[5] 邵鸿飞. 分析化学样品前处理技术研究进展[J]. 化学分析计量，2007，16（5）：81-83.
[6] 张绯华. 浅谈分析化学中的数据处理[J]. 南平师专学报，2006，25：163-168.
[7] 戴国梁，居文政，谈恒山. 生物样品前处理研究进展[J]，中国医院药学杂志，2013，33：484-487.

# 第二章 光谱分析实验

## 实验1 发射光谱定性和半定量分析

### 一、实验目的

1. 掌握光谱定性分析的原理和利用元素标准光谱图进行定性分析的方法。
2. 了解摄谱仪、映谱仪的基本构造;学习仪器使用方法和暗室处理技术。

### 二、实验原理

物质受到电弧或火花等光源激发时,原子中的电子由较低能级的稳定态跃迁到较高能级的激发态,在很短时间内,又从激发态回到稳定态并以辐射能的形式产生了一系列的光谱线。每一种原子都具有特征性的谱线。这种特征光谱仅由该元素的原子结构而定,与该元素的化合形式和物理状态无关。光谱定性分析就是根据试样光谱中某元素的特征光谱是否出现,来判断试样中该元素存在与否及其大致含量的。

用发射光谱进行定性分析,是在同一块感光板上并列摄取试样光谱和铁光谱,然后在映谱仪上将谱片上的光谱放大20倍,使感光板上的铁光谱和"元素光谱图"上的铁光谱重合,通常是在光谱图上选择2~3条欲测元素的灵敏线进行比较,若感光板上的光谱线和"元素光谱图"上该元素的灵敏线相重合,则表示该元素可能存在。还可以根据该元素所出现的谱线,找出其谱线强度级最小的级次,按表2-1估计该元素的大概含量。

表2-1 定性分析结果表示方法

| 谱线强度级 | 1 | 2~3 | 4~5 | 6~7 | 8~9 | 10 |
| --- | --- | --- | --- | --- | --- | --- |
| 含量估计范围/% | 100~10 | 10~1 | 1~0.1 | 0.1~0.01 | 0.01~0.001 | <0.001 |
| 含量等级 | 主 | 大 | 中 | 小 | 微 | 痕 |

### 三、仪器与试剂

1. 仪器

31W-Ⅱ型平面光栅摄谱仪(光栅600条/mm,$\lambda_\beta=3000$Å);8W型光谱投影仪(映谱仪);WPF-2型交流电弧发生器;光谱纯石墨电极(上电极加工成锥形,下电极钻一个深4mm、直径3mm的圆孔)。

2. 试剂

天津紫外-Ⅰ型感光板;铁电极、纯铜电极、铜合金标样、矿石粉末试样。

3. 实验条件

(1) 摄谱仪条件设置见表 2-2。

表 2-2 摄谱仪条件

| 条件 | 光栅转角 | 焦距 | 狭缝宽度 | 狭缝倾角 | 电弧电流 |
|---|---|---|---|---|---|
| 参数 | 5.24°(中心波长 3080Å) | 1510mm | 5μm | 5.93° | 8A |
| 条件 | 光栏高度 | 遮光板 | 电极间隙 | 辅助间隙 | |
| 参数 | 1mm(或用哈特曼光栏 A～F) | 3.2mm | 4mm | 1.1mm | |

(2) 暗室处理条件：选用天津感光胶片厂推荐的显影液、定影液配方。显影 4min，停影 1min，定影 8～10min 直至透明。显影液温度 18～20℃，停影液、定影液温度 18～25℃。

## 四、实验步骤

1. 摄谱前的准备工作

(1) 预习摄谱仪各部分的工作原理及使用方法，按所需条件检查摄谱仪的工作状态。若和规定条件不符，则应在教师指导下进行调整。切不可擅自动手调节。特别是三透镜的位置和狭缝宽度不要去动，以免影响摄谱质量和损坏狭缝刀刃。

(2) 接通交流电弧发生器，使电流调到所需值。

(3) 装感光板。在暗室红灯下，启封感光板，取出一张已裁好的感光板，其余的随即严密包好。将感光板乳剂面朝下放入暗盒并盖紧盒盖，检查板盒，切勿漏光。将关好的板盒装到摄谱仪的板盒架上，摄谱前必须把板盒的挡光板拉开。

(4) 装样。取一根加工好的光谱纯石墨下电极，头朝下在装有样品的培养皿中边旋边撅，使样品装入电极头的孔隙中，直到装满装紧为止，然后将电极头朝上放在电极盘中备用。

2. 摄谱

按表 2-3 顺序装好电极进行摄谱，装电极时先装"上电极"，再装"下电极"，装电极时"上电极"自上而下，"下电极"自下而上，调好极距和电极位置后摄谱。

表 2-3 摄谱条件

| 板移 | 样品 | 上电极 | 下电极 | 预燃时间/s | 曝光时间/s |
|---|---|---|---|---|---|
| 11 | 铁棒 | 铁棒 | 铁棒 | 4 | 6 |
| 12 | 纯铜 | 圆锥形纯铜棒 | 平头纯铜棒 | 10 | 50 |
| 13 | 铜合金 | 圆锥形铜合金棒 | 平头铜合金棒 | 10 | 50 |
| 14 | 空碳棒 | 圆锥形碳棒 | 平头碳棒 | 4 | 60 |
| 15 | 粉末试样 | 圆锥形碳棒 | 试样 | 4 | 60 |

3. 暗室处理

将显影液、停影液、定影液分别倒入搪瓷盆（或塑料盆）中，按一定顺序排好，并调节显影液温度至 20℃左右；停影液、定影液温度为 18～25℃。关灯。从暗盒中取出谱板，乳剂面朝上投入显影液中，立即记录时间，倾斜摇动搪瓷盆，搅动药液，4min 后取出相板，水洗后放入 18～25℃的停影液中，1min 后取出，水洗后放入 18～25℃的定影液中定影 8～10min，直至透明，水洗 10min，晾干后待测。

4. 译谱

(1) 将所得谱片，乳剂面朝上置于映谱仪上，谱片的长波部分靠左、短波部分靠右；调整映谱仪，使谱线清晰，然后与元素标准光谱图比较，进行译谱。光谱图的下方是附有标尺的铁光谱，在2100～6600Å波长的范围内，铁光谱的谱线有4600条，每条谱线的波长都已作了精确的测定，可作为波长的标尺。铁谱的上方，各种元素的谱线准确地标列在相应的位置上。在元素符号的下方标注着该元素的波长数。标记的Ⅰ表示原子线，Ⅱ表示离子线。元素符号的右上角标着灵敏度级标，一般分为10级，级数越高，谱线强度越强。

查谱时，首先必须使光谱图上的铁光谱和谱片上的铁光谱重合。如果试样光谱中未知元素的谱线与光谱图中已标明的某元素出现的位置相重合，那么该元素有可能存在。查谱的熟练程度取决于对铁光谱线和对各元素灵敏线的熟悉程度，一般先学会寻找铁光谱中的几组特征线，初学者最好从较易辨认的3016～3022 Å处的铁光谱着手，依次逐段检查。

(2) 大量元素的检查：凡试样谱片中出现又黑又粗的谱线，确定为大量元素。

(3) 杂质元素的检查：可以从光谱线波长表及光谱定性分析灵敏线表中查出待测元素的灵敏线，根据其灵敏线所在波段用元素标准光谱图与谱片进行比较，如有某元素的最灵敏线出现，则该元素可能存在，否则无此元素。但应注意试样中大量元素和其他元素的谱线干扰，因而一般宜选择2～3根元素的灵敏线来进行核对，才能确定该元素的有无。

(4) 按以上方法给出铜合金试样和未知固体粉末试样光谱定性分析结果，大量元素是什么？少量和微量元素是什么？

## 五、数据记录及处理

| 元素 | 波长 | 谱线强度等级 | 含量 |
| --- | --- | --- | --- |
|  |  |  |  |
|  |  |  |  |
|  |  |  |  |

根据译谱结果，列出未知试样中的组分及其大致含量（记下谱线的波长及强度级）。

## 六、注意事项

1. 激发光源为高电压、高电流装置，实验时应遵守操作规程，注意安全。
2. 装电极时需严防试样被污染。
3. 实验中使用的光学仪器，不能用手和布去擦拭其光学表面，室内应保持干燥、洁净。
4. 开始摄谱前，先打开通风设备，使金属蒸气排出室外。

## 七、思考题

1. 为什么要先拍一个铁光谱？拍摄金属样品光谱，对电极有何要求？
2. 摄谱仪狭缝宽度对光谱定性分析有什么影响？

## 附录1　31W-Ⅱ型平面光栅摄谱仪的使用

### 一、工作原理

本仪器采用垂直对称式平面光栅装置，光学系统如图2-1所示。

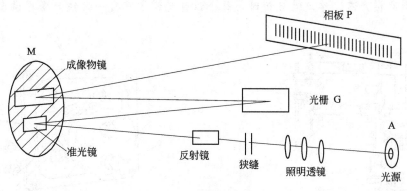

图 2-1 光学系统

当试样在光源中被激发,发出的光经三透镜照明系统均匀地照明狭缝,进入狭缝的光,经反射镜转到大反光镜 M 下部准光镜变成平行光,光栅 G 把平行光分解成单色平行光,然后由 M 上部分的投影物镜聚焦在感光板 P 上,成为沿水平方向展开的光谱带。通过对元素特征线辨认,并测量其相对强度,可知发光物的成分及其含量。

## 二、仪器构造

仪器的外形如图 2-2 所示。

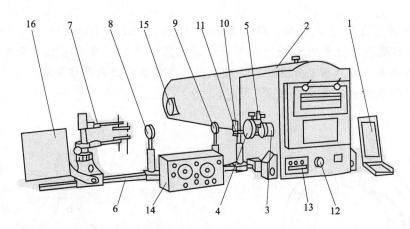

图 2-2 仪器外形

1—暗盒;2—仪器主体;3—光栅转角读数鼓轮;4—光栏转盘;5—狭缝调焦手轮;6—导轨;7—电极架;8—第一聚光镜;9—第二聚光镜和中间光栏;10—电磁快门;11—手动快门按钮;12—板移转动手轮;13—电动板移开关;14—自动曝光控制器;15—主体后侧盖;16—遮光板

**1. 电极架和照明系统**

使用该电极架能很方便地进行电极调节,从而能使弧焰准确地投射到遮光板上(图 2-3)。

**2. 光栏转盘和狭缝波长调节机构(图 2-4)**

哈特曼光栏位于第三透镜和狭缝之间,用于控制狭缝,使在光谱板上得到不同高度、不同位置的光谱。刻制在圆形薄板上,与阶梯减光器、第三透镜一起密封在狭缝前的圆盒(光栏转盘)内。

比较光谱法用光栏 A 部有 1mm 高度的 9 个孔,其中 2,5,8 三个孔拍摄铁光谱,其余各孔分别拍摄试样光谱。作定性分析时,每个试样光谱旁都有一条铁光谱可供查谱。

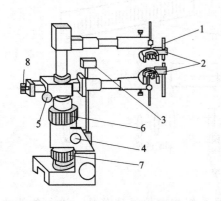

图 2-3　电极架(图 2-2 中 7)
1—分析电极；2—电极夹；3—对光灯；4—两电极左右
一起摆动调节手轮；5—下电极左右移动调节手轮；
6—下电极上下移动调节手轮；7—上电极上下移动
调节手轮；8—下电极沿光轴前后移动调节手轮

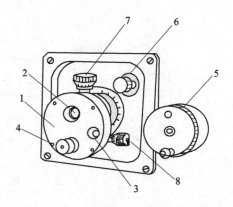

图 2-4　光栅转盘和狭缝波长调节机构
1—光栅转盘；2—第三聚光镜；3—观察窗；
4—光栅转换手轮；5—波长(光栅转角)读数鼓轮；
6—狭缝调焦转动手轮；7—狭缝宽度调节手轮；
8—狭缝倾角调节手轮

比较光谱法用光栏 B 部也有 1mm 高度的 9 个孔,分别对应于狭缝的不同位置。作定性分析时,每摄一次谱,移动一次光栏位置,可使同一波长的谱线首尾相接,便于查谱和译谱。

C 部为限制光谱高度的光栏,有 0.5mm、1mm、2mm、4mm、6mm、8mm、10mm 7 个孔,可供拍摄不同高度的光谱。也可采用固定某一光栏,移动暗盒(板移)的方法摄谱。但要调节狭缝倾角(图 2-4 图注 8),使狭缝方向和板移方向严格平行。

哈特曼光栏和阶梯减光器如图 2-5 所示。

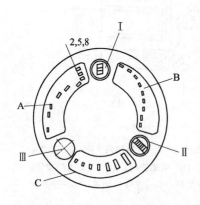

图 2-5　哈特曼光栏和阶梯减光器
A—比较光谱法用光栏 A；B—比较光谱法用光栏 B；
C—限制光谱高度的光栏；Ⅰ—三阶梯减光器；
Ⅱ—九阶梯减光器；Ⅲ—关闭

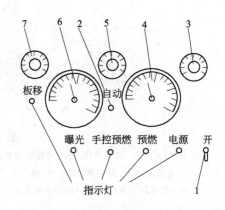

图 2-6　自动曝光控制器动作开关(图 2-2 中 14)
1—电源开关；2—工作按钮；3—预燃倍数表；
4—预燃秒数表；5—曝光倍数表；
6—曝光秒数表；7—板移选择表

阶梯减光器是在石英基片上用真空镀膜法蒸镀成三阶或九阶透明度不同的区域构成。其作用是使进入光谱仪的光能量按一定比例减弱,逐渐改变底板的曝光量,以便制作光谱底板的乳剂特性曲线。

3. 板移及电磁快门

板移机构包括手动和电动两部分，手动板移是转动"板移转动手轮"（图 2-2 中 12）来进行的。电动板移分两挡：0.5mm 和 1mm，并有上、下连续升降和限位保险装置。所有控制按钮、指示灯、开关均装在仪器前方（图 2-2 中 13）。电磁快门（图 2-2 中 10）由一微型电机和叶片组成，可以手动和电动。

4. 自动曝光控制器（图 2-6）

本件是一种固定曝光时间控制器，它能完成下列操作：

(1) 定预燃和曝光时间（最长时间各为 2min）。

(2) 选择板移上升步进距离（从 1～10mm 分 10 挡可调）。

(3) 使对光、光源激发、预燃曝光控制、电磁快门开闭、板移等有机地连成一个程序。

(4) 能在光源激发过程中，随时中止预燃或曝光（中止预燃立即曝光）。

## 三、维护和保养

摄谱仪的光学系统对谱线影响较大，平时应注意维护和保养。

(1) 仪器的透镜必须保持清洁，若发现有灰尘及沾污，切不可用手去擦，可用擦镜纸轻轻擦。

(2) 狭缝必须保持干净，不用时要用盖子盖上，切勿用手去摸。关闭时不要完全闭紧，以免磨损刃口。

(3) 光栅要保持清洁及干燥，切勿用手擦其表面。一旦有灰尘沾污，只允许用洗耳球吹去，不允许用酒精或乙醚揩擦。仪器长期不用时，将光栅取下，放在干燥器内。

(4) 暗盒取下后应换成毛玻璃，以免灰尘进入。

# 附录 2  感光板的选择和暗室处理

感光板的分类是以乳剂的性能为基础，乳剂的性能主要是灵敏度和反衬度。灵敏度指乳剂感光能力的大小，反衬度反映黑度随曝光量变化的快慢。

光谱分析中，应根据分析要求和试样性质选择合适的感光板。定性和半定量分析，选择灵敏度高而反衬度低的板，以增加分析的灵敏度。定量分析中，则要求反衬度高的底板，灵敏度可稍低，以保证分析结果的准确度。显影的实质是把曝过光的卤化银还原成金属银。一般显影液由显影剂、促进剂、保护剂和抑制剂组成。米吐尔和对苯二酚（俗称海得路）为常用的显影剂。无水亚硫酸钠保护显影液不被氧化。无水碳酸钠可调节氢离子浓度，促进显影。溴化钾能抑制雾翳产生。

定影的作用是把未还原的卤化银溶解掉。硫代硫酸钠（海波）可与卤化银形成可溶性的配离子而溶去。明矾是坚膜剂，乙酸用来中和从显影液中带来的碱，抑制继续显影。

天津感光板厂推荐的该厂感光板的显影液和定影液配方如下所述。

显影液：水（35～45℃）700mL；米吐尔 1g；无水亚硫酸钠 26g；对苯二酚 5g；无水碳酸钠 20g；溴化钾 1g，加水至 1000mL。

定影液：水（35～45℃）650mL；海波 240g；无水亚硫酸钠 15g；冰醋酸（98%）15mL；硼酸 7.5g；钾明矾 15g，加水至 1000mL。

## 附录3　不同波长铁的特征谱线

| 元素光谱图顺序号 | 光域/Å | 说　明 |
| --- | --- | --- |
| 5 | 2404.4～2413.3 | 六条谱线有规律地排列,两条相近一条较远,共两组 |

| 元素光谱图顺序号 | 光域/Å | 说　明 |
| --- | --- | --- |
| 6 | 2486.0～2488.1 | 五条等距离的弱线所组成的一组 |

| 元素光谱图顺序号 | 光域/Å | 说　明 |
| --- | --- | --- |
| 8 | 2723.6～2727.5 | 四条强线均匀排列 |

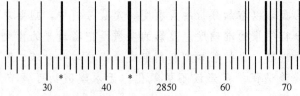

| 元素光谱图顺序号 | 光域/Å | 说　明 |
| --- | --- | --- |
| 9 | 2832.4～2844.0 | 在2844Å强线的短波方向,有四条中等强度的距离差不多相等的谱线 |

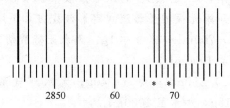

| 元素光谱图顺序号 | 光域/Å | 说　明 |
| --- | --- | --- |
| 9 | 2866.6～2869.3 | 四条中强线均匀排列,中间两条强度较弱 |

| 元素光谱图顺序号 | 光域/Å | 说　明 |
|---|---|---|
| 10 | 2923.2~2929.2 | 六条谱线分成三组，按 2、3、1 组合排列 |

| 元素光谱图顺序号 | 光域/Å | 说　明 |
|---|---|---|
| 11 | 3016.2~3021.7 | 在一条很强的粗线的短波方向，有三条距离大约相等的强线 |

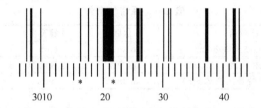

| 元素光谱图顺序号 | 光域/Å | 说　明 |
|---|---|---|
| 12　13 | 3219.5~3228.6 | 四条强线对称排列，中间两条距离稍宽 |

# 实验 2　食物样品中无机盐类元素的光谱定性及半定量分析

## 一、实验目的

1. 了解食物、植物样品中含有的无机质元素。
2. 进一步掌握光谱定性的基本操作及植物样品的制备方法。

## 二、实验原理

通过点火燃烧或将样品置于坩埚中在电炉上碳化，然后与纯石墨粉研磨混匀装入下电极中，经过摄谱、显影、定影、水洗、晾干。将晾干后的谱片放在光谱映谱仪上，通过与铁的标准谱图比较，根据其谱线的出现和灵敏度的标志，给出矿物元素的半定量结果。

其他实验原理同实验 1。

## 三、仪器与试剂

1. 仪器

31W-Ⅱ型平面光栅摄谱仪（光栅600条/mm，$\lambda_\beta = 3000$Å）；8W型光谱投影仪（映谱仪）；WPF-2型交流电弧发生器；光谱纯石墨电极（上电极加工成锥形，下电极钻一个深4mm、直径3mm的圆孔）。

2. 试剂

天津紫外-Ⅰ型感光板；铁电极、纯铜电极、铜合金标样、显影液、定影液；试样。

3. 实验条件

(1) 摄谱仪条件设置见表2-4。

表2-4 摄谱仪条件

| 条件 | 光栅转角 | 焦距 | 狭缝宽度 | 狭缝倾角 | 电弧电流 |
|---|---|---|---|---|---|
| 参数 | 5.24°（中心波长308nm） | 1510mm | 5μm | 5.93° | 8A |
| 条件 | 光栏高度 | 遮光板 | 电极间隙 | 辅助间隙 | |
| 参数 | 1mm（或用哈特曼光栏A～F） | 3.2mm | 4mm | 1.1mm | |

(2) 暗室处理条件：选用天津感光胶片厂推荐的显影液、定影液配方。显影4min，停影1min，定影8～10min直至透明。显影液温度18～20℃，停影、定影液温度18～25℃。

## 四、实验步骤

1. 摄谱前的准备工作

(1) 按所需条件检查摄谱仪工作状态。若和规定条件不符，则应在教师指导下进行调整。

(2) 接通交流电弧发生器使电流调到所需值。

(3) 装感光板在暗室红灯下，启封感光板，取出一张已裁好的感光板，其余的随即严密包好。将感光板乳剂面朝下放入暗盒并盖紧盒盖，检查板盒，切勿漏光。将关好的板盒装到摄谱仪的板盒架上，摄谱前必须把板盒的挡光板拉开。

(4) 装样样品制备：将花生或葵花籽去皮后烘干备用，取1～2粒花生或4～5粒葵花籽，用尖头镊子夹住，点燃，取燃烧后的残渣研细，加约相同量的纯石墨粉，混合均匀。将混合物装入电极凹孔中（约10mg），压紧。取同样的电极装入纯石墨粉，作空白用。

2. 摄谱

按表2-5顺序装好电极进行摄谱，装电极时先装"上电极"，再装"下电极"，装电极时"上电极"自上而下，"下电极"自下而上，调好极距和电极位置后摄谱。

表2-5 摄谱条件

| 哈特曼光栏 | 样品 | 上电极 | 下电极 | 预燃时间/s | 曝光时间/s |
|---|---|---|---|---|---|
| 2,5,8 | 铁棒 | 铁棒 | 铁棒 | 4 | 6 |
| 3 | 石墨粉 | 圆锥形碳棒 | 凹槽碳棒 | 4 | 40 |
| 4 | 花生 | 圆锥形碳棒 | 凹槽碳棒 | 4 | 40 |
| 6 | 石墨粉 | 圆锥形碳棒 | 凹槽碳棒 | 4 | 40 |
| 7 | 葵花籽 | 圆锥形碳棒 | 凹槽碳棒 | 4 | 40 |

3. 暗室处理

将显影液、停影液、定影液分别倒入搪瓷盆（或塑料盆）中，按一定顺序排好，并调节显影液温度至 20℃ 左右；停影液、定影液温度为 18～25℃。关灯。从暗盒中取出谱板，乳剂面朝上投入显影液中，立即记录时间，倾斜摇动搪瓷盆，搅动药液，4min 后取出相板，水洗后放入 18～25℃ 的停影液中，1min 后取出，水洗后放入 18～25℃ 的定影液中定影 8～10min，直至透明，水洗 10min，晾干后待测。

## 五、数据记录及处理

（1）将所得谱片，乳剂面朝上置于映谱仪上，谱片的长波部分靠左、短波部分靠右；调整映谱仪，使谱线清晰，然后与元素标准光谱图比较，进行译谱。

查谱时，首先必须使光谱图上的铁光谱和谱片上的铁光谱重合。如果试样光谱中未知元素的谱线与光谱图中已标明的某元素出现的位置相重合，那么该元素有可能存在。

（2）按实验 1 的方法给出花生或葵花籽试样光谱定性分析结果，大量元素是什么？少量和微量元素是什么？

| 元素 | 波长 | 谱线强度等级 | 含量 |
|---|---|---|---|
| | | | |
| | | | |
| | | | |

## 六、思考题

1. 简述哈特曼光栏的作用。
2. 谱线强度在光谱定性中起到什么作用？

# 实验 3　高压微波消解，火焰原子吸收法测定头发中微量元素

## 一、实验目的

1. 掌握火焰原子吸收法的基本原理。
2. 学习压力自控密闭微波溶样系统、原子吸收分光光度计的使用。
3. 掌握用标准曲线法测定微量元素的原理和方法。

## 二、实验原理

1. 密闭增压微波消解原理

微波是一种频率范围在 300～300000MHz 的电磁波，用来加热的微波频率通常是 2450Hz，即微波产生的电场正负信号每秒钟可以变换 24.5 亿次。含水或酸的极性物质分子在微波电场的作用下，以每秒 24.5 亿次的速率不断改变其正负方向，使分子产生高速碰撞和摩擦而产生高热；同时，离子在微波电场的作用下定向流动，形成离子电流，离子在流

动过程中与周围的分子和离子发生高速摩擦和碰撞，使微波能转化成热能。微波加热就是通过分子极化和离子导电两个效应对物质直接加热，消除了由电热板、空气、容器壁热传导的热量损失，因而热效率特别高。密闭增压是样品在密闭容器里通过微波的快速加热，使样品在高温高压下消解，具有溶样速度快、试剂用量少、环境污染少等突出优点。

2. 火焰原子吸收光谱分析基本原理

待测元素的试样溶液经雾化器雾化后，在燃烧器的高温下原子化，离解成基态原子。锐线光源空心阴极灯发射出待测元素特征波长的光辐射，穿过原子化器中一定厚度的原子蒸汽时被待测元素的基态原子所吸收，减弱后的特征辐射经单色器光栅分离被检测系统检测。根据朗伯-比尔定律，吸光度和待测元素基态原子浓度成正比的关系，即可求得待测元素的含量。

人体微量元素含量同人体健康密切相关，头发生长速度较慢，能反映体内微量元素代谢变化。准确地测量头发中微量元素对判断人体健康状况具有重要意义。用原子吸收光谱法测定微量元素具有灵敏、准确、简便、分析速度快等优点。

## 三、仪器与试剂

1. 仪器

MK-Ⅲ型光纤压力自控密闭微波溶样系统；vario 6 原子吸收分光光度计；铁、锌、钙、铜、镁空心阴极灯；JUN-AIR 空气压缩机；乙炔钢瓶及调压器；移液管和比色管。

2. 试剂

$HNO_3$(GR)：浓、1%；$H_2O_2$(AR)；2.5% $SrCl_2$+(1+3)HCl；(1+1)HCl；1% KCl；铁、锌、钙、铜、镁标准储备溶液：20μg/mL、10μg/mL；高纯蒸馏水。

3. 主要实验条件

(1) 微波消解条件。称样量：0.2g；$HNO_3$(GR)4mL；0.5MPa，3min；

(2) 原子吸收分析条件见表2-6。

表2-6 原子吸收分析条件

| 元素 | 波长/nm | 灯电流/mA | 光谱通带/nm | 压缩空气流量/(L/h) | 乙炔流量/(L/h) | 燃烧器高度/mm |
| --- | --- | --- | --- | --- | --- | --- |
| 铁 | 248.3 | 4.5 | 0.5 | 400 | 65 | 6 |
| 锌 | 213.9 | 3.0 | 0.8 | 400 | 50 | 6 |
| 钙 | 422.7 | 3.0 | 0.8 | 400 | 75 | 6 |
| 铜 | 324.8 | 3.0 | 1.2 | 400 | 50 | 6 |
| 镁 | 285.2 | 3.0 | 0.8 | 400 | 85 | 6 |

## 四、实验步骤

1. 发样的采集和处理

取头后枕部发际至耳后部位、距发根1~3cm的头发0.2g左右，在中性洗涤液中浸泡10min，用自来水冲洗至无泡沫，再依次用去离子水和二次蒸馏水各浸泡5min，冲洗3次。在80℃的烘箱中烘干备用。

准确称取发样0.1g于内消化罐中，加入4mL $HNO_3$和1mL $H_2O_2$（20滴），将内罐放入外罐，旋上盖后放入MK-Ⅲ型光纤压力自控密闭微波炉中，以 0.5MPa 3min；1MPa 4min 的消化条件进行微波消解，冷却后在通风橱中打开消化罐，滴入0.5mL（10滴）

$H_2O_2$ 除去过量 $HNO_3$，将消化内罐中的溶液倒入小烧杯中并用少量高纯水冲洗消化内罐，冲洗液并入小烧杯中，移入 25mL 比色管中定容。

2. 按表 2-7 在 5 个 10mL 比色管中准确配制铁、锌、钙的标准溶液（每组配一种）。

表 2-7　铁、锌、钙、镁、铜的标准溶液配制

| 元素 | 标准系列 | 1# | 2# | 3# | 4# | 5# | 加入底液 | |
|---|---|---|---|---|---|---|---|---|
| Fe | 配制浓度/(μg/mL) | 0.20 | 0.40 | 0.60 | 0.80 | 1.0 | (1+1)HCl | 0.5mL |
| | 取 10μg/mL 标液体积/mL | | | | | | 1%KCl | 1mL |
| Zn | 配制浓度/(μg/mL) | 0.20 | 0.40 | 0.60 | 0.80 | 1.0 | | |
| | 取 10μg/mL 标液体积/mL | | | | | | 1%KCl | 1mL |
| Ca | 配制浓度/(μg/mL) | 2.0 | 4.0 | 6.0 | 8.0 | 10 | 2.5%$SrCl_2$+ | |
| | 取 20μg/mL 标液体积/mL | 1.0 | 2.0 | 3.0 | 4.0 | 5.0 | (1+3)HCl | 0.8mL |
| Mg | 配制浓度/(μg/mL) | 0.20 | 0.40 | 0.60 | 0.80 | 1.0 | 2.5%$SrCl_2$+ | |
| | 取 10μg/mL 标液体积/mL | | | | | | (1+3)HCl | 0.8mL |
| Cu | 配制浓度/(μg/mL) | 0.20 | 0.40 | 0.60 | 0.80 | 1.0 | | |
| | 取 10μg/mL 标液体积/mL | | | | | | 1%$HNO_3$ | 1mL |

3. 准确吸取一定量试样于 10mL 比色管中，加入相应的底液后用高纯水稀释至刻度，(Fe、Cu 用原液测，不加底液) 定容。

4. 测定标准系列溶液吸光度，制作标准曲线。

5. 测定试样溶液吸光度，求出待测元素含量。

## 五、数据记录及处理

1. 样品名称：_____；来源：_____；称样量：_____g。

2. 制作标准曲线

| 标准溶液号码 | 1# | 2# | 3# | 4# | 5# |
|---|---|---|---|---|---|
| 标准溶液浓度/(μg/mL) | | | | | |
| 平均吸光度 | | | | | |
| RSD | | | | | |
| 标准曲线数据 | 相关系数 $R^2$ | | 斜率 Slope/[Abs/(mg/L)] | | 特征浓度/[(mg/L)/1%Abs] |

3. 发样中元素含量测定

| 发样号码 | 称样量/g | 稀释倍数 | 吸光度 | RSD | 浓度/(μg/mL) | 元素含量/(μg/g) |
|---|---|---|---|---|---|---|
| 1# | | | | | | |

## 六、注意事项

1. 清洁度

原子吸收光谱分析待测元素含量一般很低，实验室的环境和器皿对测定影响较大。实验室应严格保持清洁；器皿洗干净后要用 (1+3)$HNO_3$ 浸泡过夜，使用前先用自来水冲洗，再依次用蒸馏水、高纯水洗干净备用。

2. 高压密闭微波消解系统的安全使用

密闭微波消解样品是将试样和溶剂盛放在密闭容器里进行微波加热，容易产生高压、超

压。如果处理方法和操作不当,就可能会发生消解罐爆裂或烧坏,严重的会发生消解罐爆炸的危险。

(1) 严禁未经学习或培训的人员操作微波消解系统,实验使用时必须有教师在场检查和指导。

(2) 务必严格按照操作规程进行操作。

3. 乙炔气体的安全使用

(1) 正确操作钢瓶减压阀,总阀门旋开不应超过 1.5 转,防止丙酮逸出。出气阀顺时针为"开",出气压力一般为 0.1MPa,不能超过 0.15MPa。

(2) 防止回火:废液瓶应盖紧,不能漏气;减压阀出口端安装回火阻止器。

(3) 阀门和所有进出气管路均不能漏气,用毕及时关好。

4. 标准溶液测定

标准溶液测定从稀到浓,换上未知样前要用水洗,避免记忆效应。

## 七、思考题

1. 原子吸收光谱分析待测元素含量一般很低,实验室的环境和器皿对测定影响较大。实验器皿在实验前后应如何处理?

2. 在原子吸收光谱仪中,空气压缩机的作用是什么?燃气是什么,用什么提供的?燃烧器的高度为什么要调整?

# 附录 1 MK-Ⅲ型光纤压力自控密闭微波溶样系统操作

## 一、控压原理

光纤非接触位移传感器的控压原理为:

微波加热→压力升高→弹性体压缩→反光板升高→$h$ 减小→微波切断。

高压微波消解原理如图 2-7 所示。

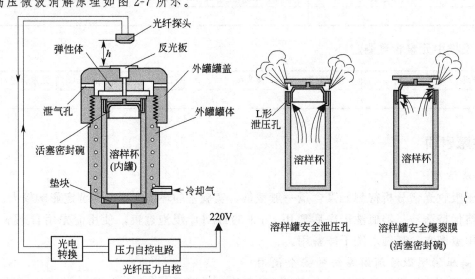

图 2-7 高压微波消解原理

## 二、安全措施

安全措施包括：

（1）光纤压力自控；（2）溶样罐安全泄压孔；（3）溶样罐安全爆裂膜；（4）消解炉安全防护罩。

## 三、操作步骤

1. 溶样杯（内罐）准备

洗净、烘干溶样杯。用扩口器将密封碗顺时针方向旋转并均匀地加压扩张，以使密封碗盖入溶样杯时呈现较紧密感为宜。

2. 称样，加溶剂，将密封碗盖小心地盖进溶样杯中。在外罐中放入垫块，将溶样杯放入。

3. 外罐罐盖组装反光板（测压板）、弹性体、压板装配应使弹性体处于临界状态：用手指稍用力向上推压板时，反光板不会顶起来；用手旋动反光板时，反光板能转动。

4. 盖外罐罐盖

其标准是"上不见缝，下不能动"：即反光板和罐盖之间无缝隙；用手指推动垫块时，垫块不会松动。

5. 调"零位"和"满度"

把消解罐放入托盘中央，调节调零旋钮使压力显示屏显示读数"00"。

将满度检验板放在测压板上面，压力显示屏应显示读数"40"，若不为"40"，则旋动调满度旋钮进行调整。例如：显示"45"，应调至"35"；显示"37"，应调至"43"。

取下满度板，调零。放上满度板，应显示"40"。若有误差按上法重复调整。

注意：在调零和满度及进行微波加热时，必须关照明按钮，同时应防止灯光或日光对炉门的直射。

6. 设定加热时间和压力挡位

加热前先将时间选择旋钮置于1min，压力定在"1"挡，如在1min内，显示屏显示正常（显示数升至"05"），且超过"05"时，微波能正常切断，再把时间旋到所需时间。各压力挡位对应的压力如表2-8所示。

表 2-8 微波溶样系统压力挡位压力

| 压力挡位 | 1 | 2 | 3 | 4 | 5 | 6 | 7 | 8 |
|---|---|---|---|---|---|---|---|---|
| 显示数字 | 05 | 10 | 15 | 20 | 25 | 30 | 35 | 40 |
| 测压板升高高度/mm | 2 | 3 | 4 | 5 | 5.5 | 6 | 6.5 | 7 |
| 对应压力/MPa | 0.5 | 1.0 | 1.5 | 2.0 | 2.5 | 3.0 | 3.5 | 4.0 |

7. 微波加热

按"启动"→放下安全防护罩→按"托盘"，托盘开始转动→按"微波加热开关"，"微波加热开关"和"微波加热指示"灯均亮，到达设定压力时，则"微波加热指示"灯灭。操作人员应站在距炉子1m以外的左侧观察压力显示情况。若有不正常情况发生，则应立即切断微波，并报告教师进行处理。

8. 消解罐冷却和打开

消解结束，待压力显示开始下降后，再打开炉门，取出消解罐，置于通风橱中自然冷却或抽气冷却。待测压板降到原始位置时，才可以打开消解罐。取出内罐，在通风橱内将活塞密封碗盖顺时针旋出或拔出（注意不能逆时针方向旋出）。

9. 消解罐清洗

外罐每天用过后，必须拆卸下来，每个部件用清水冲洗至无酸味，晾干或在50℃干燥箱中干燥。内罐洗净后用1∶3硝酸浸泡过夜，再依次用自来水、去离子水和高纯水洗涤，晾干或在50℃干燥箱中烘干备用。

## 四、注意事项

1. 严禁未经学习或培训的人员操作微波消解系统，实验使用时必须有教师在场检查和指导。

2. 务必严格按照操作规程进行操作。

3. 消解罐使用前所有元件必须干燥，无颗粒物质。否则微粒和液滴将吸收微波，引起局部过热而炭化，损坏容器。

4. 避免单独使用高沸点酸（如浓 $H_2SO_4$ 等），慎用高氯酸。

5. 消解时遇到下列情况应关机停止加热，待消解罐冷却后取出进行检查和重新组装：

(1) 调"零位"和"满度"时数字显示距"00"和"40"相差太远，有可能忘了在消解罐内放垫块或多放了一块垫块。

(2) 第一挡压力1min内压力上升很慢很慢，数字显示未达到"05"。

(3) 压力过冲太高。压力已达设定值，微波加热已自动停止。但压力显示还在很快上升，这就是压力过冲。压力回落到设定值时又会继续进行微波加热。但若过冲过高，密封碗从高压位至低压位间隔时间较长，往往会造成裙边收缩，造成溶样杯泄漏，则继续加热时压力升不上去。

在做化妆品、食品和生物样品时往往会出现压力过冲。为避免压力过冲过高，应进行预处理。

## 附录2　vario 6原子吸收分光光度计操作

1. 打开主机电源。
2. 开空压机电源，打开乙炔钢井阀门。
3. 打开电脑AAS软件。

(1) 选Applications/cookbook（应用/菜单）→OK→Cu（或其他元素）→Load→Initialize（初始化）→主界面。

(2) 选Spectrometer（分光计，主界面上方第2栏），检查灯工作条件及能量：点Energy/Gain（上方第2栏），检查Energy Levels（空心阴极灯能量水平）是否在65～75之间，若太高或太低，点Gain栏中AGC（调整光电倍增管负高压），检查EHT（光电倍增管负高压）是否在200～350之间。检查完毕→OK（右下方）→主界面。

(3) 点火：选Flame（主界面上方第3栏）→点Parameters（参数）→Aux. air：on（打开助燃气控制阀，右第2栏）→点左上方Control→点下方Ignite flame（点火）→OK→主界面。

(4) 制校正曲线。

① 输入参数。选 Calibration（主界面上方第 4 栏），选 Standard Calibration（第 2 行）→点 Statistics（上方第 3 栏）在 Statistics 中选 Sigma Statistics，并在 SD 和 RSD 前面的方框中打上钩→点 Curve Parameters（曲线参数，上方黑体最后一栏），在 Intercept 栏目中，Zero 前的方框中打上钩（曲线通过零点）→点 Table（上方第 5 栏）输入标准溶液浓度。

② 制作标准曲线。点 AZ（右侧，自动调零），按表上顺序测定空白溶液和标准溶液吸光度，制作标准曲线：光标设在第 1 行 Cal-Zero，点 Run Sample（下方第 1 行第 4 栏）→在打开的菜单中选第 1 行 No result saving（结果不保存）（若结果要保存，则选第 2 行 Start a new report file，建立一个新文件。按提示测定空白液吸光度后，将光标移到下一行测标液 1#，再点 Run Sample→在打开的菜单中选第 3 行 Append results to the existing file，则标液吸光度测定结果保存在同一文件中）→OK，按提示依次测定空白溶液和标准溶液吸光度。

点 Fit curve，可观察已制成的标准曲线以及相关系数 $R$ 等曲线数据，标准曲线制作完成→OK→主界面。

（5）样品测定。点 Sample，选 Statistics（统计，上方第 4 栏）→在 Statistics 栏目中选 Sigma Statistics，→在 Cycles（平行测定次数）栏中调节样品平行测定次数为 4。

点 Sample table（上方第 1 栏），在下方栏目中选 Run Samples，即可按屏幕提示测定未知液吸光度，求出未知液浓度（结果不保存，选第 1 行 No result saving；若结果要保存，选第 3 行 Append results to the existing file）。

4. 测定完毕，点 OK，回到主界面，点右侧 Flame 栏，即可熄灭火焰。点右上角×，屏幕提示 Save Parameter Set 0?（是否保留本次测定参数）选 Yes 或 No。屏幕又出现 Move to Parking position?（是否移动原子化器位置?）选 No，即关掉 AAS 软件。关主机电源，关乙炔钢并阀，最后关总电源。

# 实验 4 　原子吸收分光光度法测定茯苓中铜的含量

## 一、实验目的

1. 熟练掌握 vario 6 原子吸收分光光度计的使用方法。
2. 掌握标准加入法分析未知试样。

## 二、实验原理

茯苓是最常用的中药之一，茯苓性味甘淡平，入心、肺、脾经。具有渗湿利水，健脾和胃，宁心安神的功效。可治小便不利，水肿胀满，脾虚泄泻，痰饮咳嗽，痰湿入络，肩背酸痛，心悸，失眠等症，茯苓能养心安神，还具有抗癌的作用。

随着环境的恶化，各种中药也不同程度地受到污染。其中重金属污染会严重危害人体健康。重金属中的铅主要损害神经系统、造血系统、心血管系统及消化系统。高浓度的铜具有溶血作用，能引起肝、肾坏死。因此检测中药中的重金属含量非常重要。《中华人民共和国药典》2010 年版规定了茯苓等中药中的重金属含量标准为：铅 $\leqslant 5 \times 10^{-6}$，镉 $\leqslant 0.3 \times 10^{-6}$，汞 $\leqslant 0.2 \times 10^{-6}$，铜 $\leqslant 20 \times 10^{-6}$，砷 $\leqslant 2 \times 10^{-6}$。

重金属测定的标准方法为原子吸收分光光度法。

原子吸收光谱定量分析常用的方法有：工作曲线法、标准加入法和内标法等。三种分析计算方法在不同的分析条件下是有一定的区别。

火焰原子化法在被分析的未知试样的基体效应比较复杂（例如溶液的黏度、表面张力和火焰因素等的影响）时，由于被分析试样溶液的物理性质和化学性质不能在标准溶液中较为精确地体现出来，以及无法配制与被测未知试样浓度相匹配的标准样品时，采用标准加入法是较为合适的。

标准加入法的基本原理如下所述。

根据浓度与信号净响应值成正比，则有：$A=Kc$

对未知样品的浓度为 $c_x$，测得其吸光度值为：

$$A_x = Kc_x \tag{2-1}$$

在未知样品中加入浓度为 $c$ 的标准溶液，测得其吸光度为：

$$A_s = K(c_s + c_x) \tag{2-2}$$

联立式(2-1)、式(2-2)，解得：$c_x = c_s \times [A_x/(A_s - A_x)]$

当 $A_s = 0$ 时，有 $c_x = -c_s$

吸光度与浓度关系曲线的外延线与横坐标相交的一点是稀释后样品的浓度（或含量）。由此可求得被测未知样品的含量。

## 三、仪器与试剂

1. 仪器

vario 6 原子吸收分光光度计（含铜空心阴极灯、空气压缩机和乙炔等）；MK-Ⅲ型光纤压力自控密闭微波溶样系统。

2. 试剂

铜标准溶液 10μg/mL。

硝酸（GR）；盐酸（GR）；盐酸 1%；茯苓粉；高纯水。

## 四、实验步骤

1. 样品的处理

（1）样品溶液的制备。取茯苓样品粗粉 0.5g，精密称定，置聚四氟乙烯消解罐内，加硝酸 3～5mL，混匀，浸泡过夜，盖好内盖，旋紧外套，置微波消解炉内，以 0.5MPa 3min；1MPa 4min 的消化条件进行微波消解，消解完全后，取消解内罐置电热板上缓缓加热至红棕色蒸气挥尽，并继续缓缓浓缩至 2～3mL，冷却后用水转入 25mL 比色管中，并用高纯水稀释至刻度，摇匀，配成待测试样溶液。同时用同样的方法制备试剂空白溶液。

（2）分别取 2mL 待测试样溶液于 5 个 50mL 容量瓶中，依次加入 10μg/mL 的铜标准溶液 0.0mL、5mL、3.0mL、4.5mL、6.0mL，用二次蒸馏水定容，配成不同浓度的加标溶液。

2. 标准加入法测定茯苓中的铜

（1）根据表 2-9 的测定条件设定仪器。

表 2-9 原子吸收光谱仪的设定条件

| 元素 | 波长/nm | 灯电流/mA | 光谱通带/nm | 压缩空气流量/(L/h) | 乙炔流量/(L/h) | 燃烧器高度/mm | 扣背景 |
|---|---|---|---|---|---|---|---|
| 铜 | 324.8 | 3.0 | 1.2 | 400 | 50 | 6 | 氘灯扣背景 |

（2）按浓度从低到高的顺序依次测定系列加标溶液的吸光度，制作标准曲线。

（3）测定试样溶液吸光度，求出待测元素含量。

## 五、数据记录及处理

1. 样品名称来源_____；称样量：_____g；
微波消解条件：_____。

2. 加标液吸光度测定及标准曲线绘制。

| 标准溶液号码 | 1# | 2# | 3# | 4# | 5# |
|---|---|---|---|---|---|
| 加入标液体积/mL | | | | | |
| 加入标液浓度/($\mu$g/mL) | | | | | |
| 平均吸光度 | | | | | |
| 空白溶液吸光度 | | | | | |
| 扣空白后吸光度 | | | | | |

3. 直线外推法确定待测试样溶液中铜元素含量。

以加标溶液浓度为横坐标，制作扣空白后吸光度与加标溶液浓度的关系曲线，将曲线外推至与横坐标相交，读取交点的坐标值，其绝对值即为 1# 加标液即稀释后的待测试样溶液中铜元素含量。

| 标准曲线数据 | 相关系数 $R$ | 斜率 $S$/[Abs/(mg/L)] | 特征浓度/[(mg/L)/1%Abs] | 横坐标交点坐标 |
|---|---|---|---|---|
| | | | | |

稀释后的待测试样溶液中铜元素含量为_____$\mu$g/mL。

4. 茯苓样品中铜元素含量测定。

| 称样量/g | 稀释倍数 | 待测试样溶液浓度/($\mu$g/mL) | 铜元素含量/($\mu$g/g) |
|---|---|---|---|
| | | | |

## 六、注意事项

仪器的操作规程参看实验3中"附录2 vario 6 原子吸收分光光度计操作"。

## 七、思考题

1. 原子吸收光谱仪的开机顺序如何？原子吸收光谱仪测定铅的最佳条件如何选择？
2. 该实验中配制各种金属离子的标准溶液及样品液时为什么要加入各种底液？
3. 空白溶液的含义是什么？为什么在测定试样前要用空白溶液进行调零？
4. 简述标准加入法与工作曲线法的原理与区别，它们分别适合哪些类型的样品的定量分析？
5. 请简述三种火焰（中性火焰、富燃火焰和贫燃火焰）的特点及分别适合分析哪些元素。

# 实验 5　原子吸收光谱仪的特征浓度和检出限的测定

## 一、实验目的

1. 了解原子吸收光谱法的基本原理。
2. 学习仪器的灵敏度、特征浓度及检出限的测定方法。
3. 掌握原子吸收光谱仪的使用方法。

## 二、实验原理

灵敏度、特征浓度及检出限是评价分析方法与仪器性能的重要指标。

灵敏度（sensitivity）是指某方法对单位浓度或单位待测物质变化所致的响应量变化程度，它可以用仪器的响应量或其他指示量与对应的待测物质的浓度或量之比来描述。在原子吸收光谱法中，灵敏度（$S$）即为：$S=\dfrac{\mathrm{d}A}{\mathrm{d}c}$，也就是标准曲线的斜率。

在原子吸收光谱法中，常用特征浓度（characteristic concentration）表示灵敏度。特征浓度（$\rho_0$）为被分析元素产生 0.0044 吸光度（1%Abs）所需浓度。不同的仪器，特征浓度不一样。特征浓度（$\rho_0$）可按式(2-3)计算。

$$\rho_0[(\mu g/mL)/1\%\mathrm{Abs}]=\dfrac{0.0044c}{A} \tag{2-3}$$

式中，$c$ 为被测试样浓度；$A$ 为溶液浓度为 $c$ 时所对应的吸光度；0.0044 为产生 1% 吸收时的吸光度。

检出限（detection limit）是指产生一个能够确证在试样中存在某元素的分析信号所需的该元素的最小量或最小浓度。即相对于 99% 的置信度元素，在溶液中可被检出的最低浓度。具体是对空白或接近空白的溶液进行多次测量，3 倍的标准偏差（$\delta$）即是检出限。这是仪器所能检出的高于背景噪声的最低限。检出限 $c_L=\dfrac{3\delta+A_0}{S}$。

式中，$A_0$ 为空白溶液的吸光度；$S$ 为灵敏度。

## 三、仪器与试剂

1. 仪器

vario 6 原子吸收分光光度计；铜空心阴极灯；JUN-AIR 空气压缩机；乙炔钢瓶；移液管和比色管。

2. 试剂

$HNO_3$(GR)；铜标准储备溶液：10μg/mL；高纯蒸馏水。

3. 原子吸收分析条件

见表 2-10。

表 2-10　原子吸收光谱仪的设定条件

| 元素 | 波长/nm | 灯电流/mA | 光谱通带/nm | 压缩空气流量/(L/h) | 乙炔流量/(L/h) | 燃烧器高度/mm |
|---|---|---|---|---|---|---|
| 铜 | 324.8 | 3.0 | 1.2 | 400 | 50 | 6 |

## 四、实验步骤

1. 按表 2-11 在 5 个 10mL 比色管中准确配制铜的标准溶液。

表 2-11  铜标准溶液配制

| 标准系列 | 1# | 2# | 3# | 4# | 5# |
|---|---|---|---|---|---|
| 配制浓度/($\mu$g/mL) | 0.20 | 0.40 | 0.60 | 0.80 | 1.0 |
| 取 10$\mu$g/mL 标液体积/mL | | | | | |

2. 按仪器使用的工作条件,以空白溶液(高纯水)调吸光度等于 0,按照浓度由低到高的顺序对标准系列溶液逐个测量吸光度,制作标准曲线。

3. 将空白溶液在同样条件下连续测定 11 次,记录每一次的测量结果,用于计算检出限。

## 五、数据记录及处理

1. 制作标准曲线

| 标准溶液号码 | 1# | 2# | 3# | 4# | 5# |
|---|---|---|---|---|---|
| 标准溶液浓度/($\mu$g/mL) | | | | | |
| 平均吸光度 | | | | | |
| RSD | | | | | |
| 标准曲线数据 | 相关系数 $R^2$ | | 斜率 $S$/[Abs/(mg/L)] | | 特征浓度/[(mg/L)/1%Abs] |

2. 根据浓度和吸光度作标准曲线,计算曲线的斜率,即为该方法的灵敏度。

将 0.2$\mu$g/mL 溶液的吸光度代入公式 $\rho_0[(\mu g/mL)/1\%\,Abs] = \dfrac{0.0044c}{A}$,计算特征浓度。

3. 空白溶液吸光度

| 测定次数 | 1 | 2 | 3 | 4 | 5 | 6 | 7 | 8 | 9 | 10 | 11 |
|---|---|---|---|---|---|---|---|---|---|---|---|
| 吸光度 | | | | | | | | | | | |

4. 计算空白溶液吸光度平均值及标准偏差 $\delta$,并代公式 $c_L = \dfrac{3\delta + A_0}{S}$,计算方法的检出限。

## 六、注意事项

1. 实验时要打开通风设施,使金属蒸汽及时排出室外。
2. vario 6 原子吸收分光光度计操作规程见实验 3。

## 七、思考题

1. 空气乙炔火焰原子吸收光谱法测定铜时,为什么可以选用贫燃焰,而不选用富燃焰及计量焰?
2. 特征浓度与检出限有什么区别?为什么有的方法检出限比特征浓度可以低一个多数量级?而有的方法检出限与特征浓度相接近?

# 实验 6　双波长分光光度法测定 $Cr^{3+}$ 和 $Co^{2+}$ 混合液的组成

## 一、实验目的

1. 了解紫外吸收光度法定量分析的过程。
2. 学习用分光光度法同时测定双组分体系含量的原理和方法。
3. 学习 UNICO 双光束紫外分光光度计的使用方法。

## 二、实验原理

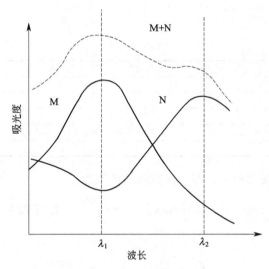

图 2-8　双波长法测定混合物原理

双波长法测定原理为：若有机物 M 及 N 的吸收光谱互相重叠（如图 2-8 所示），则可根据吸光度的加和性质在 M 和 N 的最大吸收波长 $\lambda_1$ 和 $\lambda_2$ 处测量 $A_{\lambda_1}^{M+N}$ 及 $A_{\lambda_2}^{M+N}$ 及总吸光度。如采用 1cm 比色皿，则可由式 2-4 求出 M 及 N 组分的含量：

$$A_{\lambda_1}^{M+N} = A_{\lambda_1}^{M} + A_{\lambda_1}^{N} = \varepsilon_{\lambda_1}^{M} c_M + \varepsilon_{\lambda_1}^{N} c_1$$
$$A_{\lambda_2}^{M+N} = A_{\lambda_2}^{M} + A_{\lambda_2}^{N} = \varepsilon_{\lambda_2}^{M} c_M + \varepsilon_{\lambda_2}^{N} c \quad (2\text{-}4)$$

解此联立方程可得：

$$c_M = \frac{A_{\lambda_1}^{M+N} \varepsilon_{\lambda_2}^{N} - A_{\lambda_2}^{M+N} \varepsilon_{\lambda_1}^{N}}{\varepsilon_{\lambda_1}^{M} \varepsilon_{\lambda_2}^{N} - \varepsilon_{\lambda_2}^{M} \varepsilon_{\lambda_1}^{N}}$$

$$c_N = \frac{A_{\lambda_1}^{M+N} - \varepsilon_{\lambda_1}^{M} c_M}{\varepsilon_{\lambda_1}^{N}} \quad (2\text{-}5)$$

式中，$\varepsilon_{\lambda_1}^{M}$、$\varepsilon_{\lambda_1}^{N}$、$\varepsilon_{\lambda_2}^{M}$、$\varepsilon_{\lambda_2}^{N}$ 分别代表组分 M 及 N 在 $\lambda_1$ 和 $\lambda_2$ 处的摩尔吸光系数。

## 三、仪器与试剂

1. 仪器

UNICO UV-4802 型紫外-可见分光光度计；1cm 玻璃比色皿；10mL 比色管 3 支；5mL 吸量管 2 支。

2. 试剂

0.1mol/L $Cr(NO_3)_3$ 溶液；0.1mol/L $Co(NO_3)_2$ 溶液。

## 四、实验步骤

1. 分别准确移取 2mL 0.1mol/L $Cr(NO_3)_3$ 溶液和 5mL 0.1mol/L $Co(NO_3)_2$ 溶液于两个 10mL 比色管中，定容后摇匀。
2. 以蒸馏水为参比（R 槽），以 1nm 的扫描精度，从 400～700nm 分别扫描 $Cr(NO_3)_3$ 溶液（2#槽）、$Co(NO_3)_2$（3#槽）溶液和未知试样（4#槽）的吸收曲线。将 $Cr^{3+}$ 和 $Co^{2+}$

的吸收曲线进行图谱组合。将 3 条吸收曲线保存在硬盘中。

3. 分别找出 $Cr^{3+}$ 和 $Co^{2+}$ 的测定波长和参比波长，以及被测组分在这两个波长处的吸光度。求出摩尔吸光系数。

4. 在未知式样的数据表中，分别找出 4 个波长处的吸光度，分别求出未知液中 $Cr^{3+}$ 和 $Co^{2+}$ 的浓度。

## 五、数据记录及处理

1. 在 $Cr^{3+}$ 和 $Co^{2+}$ 标准吸收曲线组合图谱中选择测量波长和参比波长，求摩尔吸光系数。

（1）测 $Cr^{3+}$　　　$Cr^{3+}$ 标准浓度_____ mol/L（稀释后）

| 项目 | 测量波长 $\lambda_2^{Cr}$ | 参比波长 $\lambda_1^{Cr}$ |
|---|---|---|
| 波长/nm | | |
| $Cr^{3+}$ 吸光度 $A^{Cr}$ | | |
| $Co^{2+}$ 吸光度 $A^{Co}$ | | |
| $Cr^{3+}$ 的摩尔吸光系数 $\epsilon_{Cr}$ | | |
| $Cr^{3+}$ 的摩尔吸光系数之差 $\epsilon_{Cr}^{\lambda_2-\lambda_1}$ | | |

（2）测 $Co^{3+}$　　　$Co^{3+}$ 标准浓度_____ mol/L（稀释后）

| 项目 | 测量波长 $\lambda_2^{Co}$ | 参比波长 $\lambda_1^{Co}$ |
|---|---|---|
| 波长/nm | | |
| $Co^{3+}$ 吸光度 $A^{Co}$ | | |
| $Cr^{2+}$ 吸光度 $A^{Cr}$ | | |
| $Co^{3+}$ 的摩尔吸光系数 $\epsilon_{Co}$ | | |
| $Co^{3+}$ 的摩尔吸光系数之差 $\epsilon_{Co}^{\lambda_2-\lambda_1}$ | | |

2. 未知混合液中 $Cr^{3+}$ 和 $Co^{2+}$ 的测定　　未知液号码_____

| 测 $Cr^{3+}$ | 测量波长　　　nm | 参比波长　　　nm |
|---|---|---|
| 吸光度 $A^{Cr+Co}$ | | |
| 吸光度之差 $\Delta A_{Cr}^{\lambda_2-\lambda_1}$ | | |
| 未知混合液中 $Cr^{3+}$ 的浓度 | | mol/L |
| 测 $Co^{3+}$ | 测量波长　　　nm | 参比波长　　　nm |
| 吸光度 $A^{Cr+Co}$ | | |
| 吸光度之差 $\Delta A_{Co}^{\lambda_2-\lambda_1}$ | | |
| 未知混合液中 $Co^{3+}$ 的浓度 | | mol/L |

3. 结果计算

计算公式：$Cr^{3+}$ 的浓度 $= \Delta A_{Cr}^{\lambda_2-\lambda_1} / \Delta \epsilon_{Cr}^{\lambda_2-\lambda_1} =$

$Co^{3+}$ 的浓度 $= \Delta A_{Co}^{\lambda_2-\lambda_1} / \Delta \epsilon_{Co}^{\lambda_2-\lambda_1} =$

在组合图谱中标出 Cr 和 Co 的测量波长 $\lambda_2^{Cr}$、$\lambda_2^{Co}$ 和参比波长 $\lambda_1^{Cr}$、$\lambda_1^{Co}$ 随实验报告上交。

## 附录　UV-4802 操作规程

1. 打开仪器电源，预热 15min（仪器自身设定）。
2. 打开"光谱分析家"软件，点击"UV 主机"，选择"连接 UV 主机"。
3. 波长扫描：点击 ![icon] 创建波长扫描实验。
4. 点击 ![icon]，弹出"扫描设置"窗口，输入起始、终止波长，扫描间距和滤波次数。
5. 点击 ![icon]，弹出"扫描设置"窗口，输入坐标轴的范围。
6. 打开仪器盖板，分别放入参比（靠里）和样品（靠外），比色皿溶液不超过 2/3 高度，盖上盖板。
7. 点击 ![icon]，开始扫描样品，完成后显示数据列表。
8. 点击 ![icon]，保存当前测试。也可以导出数据："文件"→"导出数据"→"导出标样"，点击"另存为"窗口，输入文件名，保存为".txt"格式。
9. 测试完毕后，点击"UV 主机"，选择"断开 UV 主机"，关闭仪器，关闭电脑，清洗比色皿。

# 实验 7　芳香化合物的紫外吸收光谱

## 一、实验目的

1. 学习有机化合物紫外吸收光谱的绘制方法。
2. 了解不同助色团对苯吸收光谱的影响。
3. 了解溶剂极性对异亚丙基丙酮吸收光谱的影响、pH 对苯酚吸收光谱的影响。

## 二、实验原理

具有不饱和结构的有机化合物，特别是芳香族在近紫外区（200～400nm）有特征的吸收，给鉴定有机化合物提供了有用的信息。苯有三个吸收带，它们都是由 $\pi \rightarrow \pi^*$ 跃迁引起的，$E_1$ 带：$\lambda_{max}=180nm[\varepsilon=60000L/(cm \cdot mol)]$，$E_2$ 带：$\lambda_{max}=204nm[\varepsilon=8000L/(cm \cdot mol)]$，两者都属于强吸收带。B 带出现在 230～270nm，其 $\lambda_{max}=254nm[\varepsilon=200L/(cm \cdot mol)]$。在气态或非极性溶剂中，苯及其许多同系物的 B 带有许多精细结构，这是振动跃迁在基态电子跃迁上叠加的结果。在极性溶剂中，这些精细结构消失。当苯环上有取代基时，苯的三个吸收带都将发生显著的变化，苯的 B 带显著红移，并且吸收强度增大。稠环芳烃均显示苯的三个吸收带，但均发生红移且吸收强度增加。

溶剂的极性对有机物的紫外吸收光谱有一定的影响。当溶剂的极性由非极性改变到极性时，精细结构消失，吸收带变平滑。显然，这是由于未成键电子对的溶剂化作用降低了 n 轨道的能量使 $n \rightarrow \pi^*$ 跃迁产生的吸收带发生蓝移，而 $\pi \rightarrow \pi^*$ 跃迁产生的吸收带则发生红移。

## 三、仪器与试剂

1. 仪器

UV-4802 紫外-可见分光光度计，带盖石英比色皿（1.0cm）。

2. 试剂

苯、甲醇、乙醇、环己烷、氯仿、异亚丙基丙酮、正己烷。0.1mol/L HCl，0.1mol/L NaOH，苯的环己烷溶液（1:250），甲苯的环己烷溶液（1:250），苯酚的环己烷溶液（0.3g/L），苯甲酸的环己烷溶液（0.8g/L），苯胺的环己烷溶液（1:3000），苯酚的水溶液（0.4g/L），分别用水、甲醇、氯仿、正己烷配成异亚丙基丙酮的浓度为 0.4g/L 的溶液。

## 四、实验步骤

实验前必须仔细阅读仪器的操作说明书，了解仪器的功能并掌握仪器的使用方法。

1. 苯、苯取代物的吸收光谱测绘

（1）在石英吸收池中，加入苯的环己烷溶液，加盖，用手心温热吸收池下方片刻，在紫外分光光度计上，以空白石英比色皿作参比，从 220～300nm 进行波长扫描，绘制吸收光谱。

（2）在 5 个 10mL 具塞比色管中，分别加入苯、甲苯、苯酚、苯甲酸、苯胺的环己烷溶液 1.0mL，用环己烷稀释至刻度，摇匀。在带盖的石英比色皿中，以环己烷作参比，从 220～350nm 进行波长扫描，绘制吸收光谱。观察各吸收光谱的图形，找出其 $\lambda_{max}$，红移了多少纳米？

2. 溶剂性质对紫外吸收光谱的影响

（1）在 4 个 10mL 具塞比色管中，分别加入 0.20mL 用水、甲醇、氯仿、正己烷配制的异亚丙基丙酮溶液，并分别用水、甲醇、氯仿、正己烷稀释至刻度，摇匀。用石英比色皿，以各自的溶剂，从 200～350nm 进行波长扫描，绘制吸收光谱，比较吸收光谱 $\lambda_{max}$ 的变化。

（2）溶液的酸碱性对苯酚吸收光谱的影响：在两个 10mL 具塞比色管中，各加入苯酚的水溶液 0.50mL，分别用 0.1mol/L HCl、0.1mol/L NaOH 溶液稀释至刻度，摇匀。用石英比色皿，以水为参比，从 220～350nm 进行波长扫描，绘制吸收光谱。比较吸收光谱 $\lambda_{max}$ 的变化。

3. 乙醇中杂质苯的检查

以纯乙醇为参比溶液，在 200～300nm 波长范围内扫描乙醇试样的吸收光谱。观察是否有苯的特征吸收光谱。

## 五、数据记录及处理

1. 苯系物的最大吸收波长

| 苯系物 | 苯(石英参比) | 苯(环己烷参比) | 甲苯 | 苯酚 | 苯甲酸 | 苯胺 |
|---|---|---|---|---|---|---|
| $\lambda_{max}$/nm | | | | | | |

2. 溶剂对异亚丙基丙酮最大吸收波长的影响

| 溶剂 | 水 | 甲醇 | 氯仿 | 正己烷 |
|---|---|---|---|---|
| $\lambda_{max}$/nm | | | | |

3. 溶液的酸碱性对苯酚吸收光谱的影响

| 溶剂 | 0.1mol/L HCl | 0.1mol/L NaOH |
|---|---|---|
| $\lambda_{max}$/nm | | |

4. 乙醇样品中在 200~300nm 波长范围内扫描是否有明显吸收峰？说明乙醇中是否有苯？

## 六、思考题

1. 分子中哪类电子的跃迁将会产生紫外吸收光谱？
2. 为什么溶剂极性增大，$n \rightarrow \pi^*$ 跃迁产生的吸收带发生紫移，而 $\pi \rightarrow \pi^*$ 跃迁产生的吸收带则发生红移？

# 实验8 磷钼蓝分光光度法测定环境水样中的磷

## 一、实验目的

1. 通过本实验了解测定水样中磷的意义。
2. 掌握水样中磷的测定方法。
3. 掌握溶液的定量转移配制，称量等基本操作。

## 二、实验原理

磷在自然界分布很广，它是生物生长必需的营养元素之一，但含磷量过高会造成水体生长力旺盛、生物和微生物大量繁殖，造成水体富营养化，从而使水质变坏，如果污染不及时被治理，则有可能出现难以逆转的环境危机。总磷是水体监测的一个重要指标，在我国城镇污水处理厂污染物排放标准中，已对总磷的排放提出了严格的要求。因此，准确地监测水体中的总磷显得尤为重要。

总磷测定常用的方法主要有钼酸铵分光光度法，其原理是在酸性条件下，试样中的正磷酸盐在酒石酸锑钾的催化下，与钼酸铵反应生成磷钼酸化合物，该化合物被抗坏血酸还原生成蓝色配合物磷钼蓝并于最大吸收波长710nm处测量吸光度值。钼锑抗反应方程式见式(2-6)。

$$12(NH_4)_2MoO_4 + H_2PO_4^- + 24H^+ \xrightarrow{KSbC_4H_4O_6} [H_2PMo_{12}O_{40}]^- + 24NH_4^+ + 12H_2O$$

$$[H_2PMo_{12}O_{40}]^- \xrightarrow{C_6H_8O_6} H_3PO_4 \cdot 10MoO_3 \cdot Mo_2O_5 \tag{2-6}$$

环境水体中既有无机磷又有有机磷，需要将水样中的有机磷消解成磷酸根离子后才能利用钼酸铵分光光度法进行磷的测定。常用的水样消解法有过硫酸钾消解法、微波-$H_2O_2$ 消解法、硝酸-高氯酸消解以及比较新颖的纳米 $TiO_2$ 光催化消解法等。本实验采用过硫酸钾消解法对水样进行消解预处理。本方法适用于江河水中含量在 0.02~10.0mg/L 磷酸盐的测定。

## 三、仪器与试剂

1. 仪器

UV-4802紫外-可见分光光度计，石英比色皿（1.0cm）。

2. 试剂

磷酸氢二钾（温州市化学用料厂）；抗坏血酸；钼酸铵；酒石酸锑钾；（1+1）硫酸；（1+35）硫酸；甲酸；无特殊说明试剂均为分析纯，实验用水为去离子水。

过硫酸钾（40g/L）：称取20g过硫酸钾，精确至0.5g，溶于500mL水中，储存于棕色瓶内（保存期一个月）。

抗坏血酸（20g/L）：称取10g抗坏血酸，精确至0.5g，称取0.2g EDTA，精确至0.01g，溶于200mL水中，加入8.0mL甲酸，用水稀释至500mL，混匀，储存于棕色瓶中（有效期一个月）。

钼酸铵（26g/L）：称取13g钼酸铵，精确至0.5g，称取0.5g酒石酸锑钾，精确至0.01g，溶于200mL水中，加入230mL硫酸溶液（1+1），混匀，冷却后用水稀释500mL，储存于棕色瓶中（有效期一个月）。

$PO_4^{3-}$ 储备液（0.5mg/mL）：称取0.7165g于105℃干燥过的磷酸二氢钾，溶于水中，转入1000mL容量瓶，稀释至刻度摇匀。

磷酸盐标准溶液（0.05mg/mL）：吸取50mL储备液于500mL容量瓶中，稀释至刻度。

## 四、实验步骤

1. 标曲线的绘制

取6个50mL容量瓶，分别取0mL、2.0mL、4.0mL、6.0mL、8.0mL、10.0mL磷标准溶液，用约20mL水稀释，依次向各瓶中加入2.0mL钼酸铵溶液、3.0mL抗坏血酸溶液，用水稀释至刻度，摇匀，室温下放置10min，在710nm，以试剂空白对照，测定各自吸光度。平行测定三次。根据吸光度和浓度制作标准曲线。

2. 样品分析

取10mL水样于150mL锥形瓶中，加入1.0mL硫酸溶液（1+35）、5.0mL过硫酸钾溶液，用水调节体积至25mL，放置于电炉上缓慢加热煮沸至溶液快蒸干为止，取出后冷却至室温，定量转移至50mL容量瓶中，加入2.0mL钼酸铵溶液，3.0mL抗坏血酸溶液，用水稀释至刻度，摇匀，室温下放置10min。在710nm，用比色皿以不加试液的空白调零，然后测定水样溶液。平行测定三次，记录吸光度值。

## 五、数据记录及处理

1. 制作标准曲线

| 标准溶液号码 | | 0# | 1# | 2# | 3# | 4# | 5# |
|---|---|---|---|---|---|---|---|
| 移取标准溶液体积/mL | | 0 | 2.0 | 4.0 | 6.0 | 8.0 | 10.0 |
| 浓度/(mg/L) | | | | | | | |
| 平均吸光度 | | | | | | | |
| 标准曲线数据 | 相关系数 $R^2$ | | | | 斜率 Slope/[Abs/(mg/L)] | | |
| | | | | | | | |

2. 水样吸光度：_____，_____，_____。

水样中总磷含量按式(2-7)计算。

$$PO_4^{3-} \text{ 含量}(mg/L) = \frac{m \times 50}{V} \tag{2-7}$$

式中，$m$ 为从标准曲线上查得或按回归方程算得的 $PO_4^{3-}$ 的含量，mg/L；$V$ 为吸取水样体积，mL。

两次平行测定结果之差不能大于 0.3mg/L，取算术平均值为测定结果。

## 六、注意事项

1. 消解水样过程中应控制温度，防止爆沸。一定注意不能让溶液蒸干，要边加热边摇动溶液，使之变成淡黄色，否则会变成不易溶解的黑褐色的多磷化物。
2. 显色时间对产物吸光度有一定的影响，故需严格控制显色时间。

## 七、思考题

1. 总磷的测定方法有哪些？
2. 紫外-可见分光光度计由哪些部件构成？各有什么作用？可见光区的光源是什么？

# 实验 9 荧光光度法测定阿司匹林中乙酰水杨酸

## 一、实验目的

1. 掌握用荧光法测定药物中的乙酰水杨酸的方法。
2. 掌握 F-7000 荧光分光光度计的操作方法。

## 二、实验原理

1. 荧光光度法原理

(1) 常温下，处于基态的分子吸收一定的紫外可见光的辐射能成为激发态分子，激发态分子通过无辐射跃迁至第一激发态的最低振动能级，再以辐射跃迁的形式回到基态，发出比吸收光波长长的光而产生荧光。在稀溶液中，当实验条件一定时，荧光强度 $I_F$ 与物质的浓度 $c$ 呈线性关系：即 $I_F = Kc$（这是荧光光谱法定量分析的理论依据）。

(2) 荧光光谱

激发光谱：固定测量波长（选最大发射波长），化合物发射的荧光强度与照射光波长的关系曲线。激发光谱曲线的最高处，处于激发态的分子最多，荧光强度最大。

发射光谱：固定激发光波长（选最大激发波长），化合物发射的荧光强度与发射光波长关系曲线。

固定发射光波长进行激发光波长扫描，找出最大激发光波长，然后固定激发光波长进行荧光发射波长扫描，找出最大荧光发射波长。激发光波长和发射荧光波长的选择是本实验的关键。在 1% 乙酸-氯仿中，乙酰水杨酸的激发光谱和荧光光谱如图 2-9 所示。可见乙酰水杨酸的最大发射波长

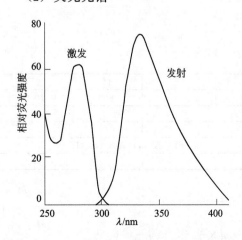

图 2-9　乙酰水杨酸的激发光谱和荧光光谱

为320nm左右，最大激发波长为275nm左右。因此在扫描激发光谱时，可设定最大发射波长为320nm，在250~300nm范围内进行扫描，再找出最大激发波长。在扫描发射光谱时，可设定前面找出的最大激发波长，在300~405nm范围扫描，找出最大发射波长。注意：发射光谱波长通常大于激发波长，因此设定，否则发射光谱中会出现一个与激发波长相同的发射峰。此外还应注意激发光还会产生一个倍频峰，因此发射光谱的扫描范围应大于激发波长，并小于2倍的激发波长。

2. 荧光光度法测定阿司匹林中乙酰水杨酸的含量

通常称为 ASA 的乙酰水杨酸（阿司匹林）水解即生成水杨酸（SA）[式(2-8)]。而在阿司匹林中或多或少存在一些水杨酸，用乙酸-氯仿作为溶剂，然后用荧光法可以分别测定其含量，少许乙酸还可以抑制乙酰水杨酸的水解和水杨酸的电离，增加二者的荧光强度（本实验只测定阿司匹林中乙酰水杨酸的含量）。为了消除药片之间的差异，可以取几片一起研磨，然后取部分有代表性的样品进行分析。

$$\text{ASA} + H_2O \rightleftharpoons \text{SA} + CH_3COOH \tag{2-8}$$

乙酰水杨酸的水解反应

## 三、仪器与试剂

1. 仪器

F-7000 荧光分光光度计（见附录）；容量瓶：1000mL 1 只，100mL 2 只。25mL 比色管 8 只；10mL 移液管 2 支；铁架台；研钵；称量瓶；玻璃棒；烧杯；定量滤纸；电子天平。

2. 试剂

400μg/mL 乙酰水杨酸储备液。氯仿；乙酸。

## 四、实验步骤

1. 溶液配制

(1) 配制 1% 乙酸-氯仿溶液：在 1000mL 容量瓶中，将冰醋酸与氯仿以 1:99 的比例配制。

(2) 配制 400μg/mL 乙酰水杨酸储备液：称取 0.4000g 乙酰水杨酸溶于 1% 乙酸-氯仿溶液中，用 1% 乙酸-氯仿溶液定容至 1000mL。

2. 绘制乙酰水杨酸的激发光谱和荧光光谱

将乙酰水杨酸储备液稀释成 4.00μg/mL 和 0.32μg/mL 的溶液。用该溶液分别绘制 ASA 的激发光谱和荧光光谱曲线，并分别找到最大激发波长和最大发射波长。

3. 绘制标准曲线

在 5 个 10mL 比色管中分别准确加入 4.00μg/mL 乙酰水杨酸溶液 1.0mL、2.0mL、3.0mL、4.0mL、5.0mL，再用 1% 乙酸-氯仿溶剂稀释至刻度，摇匀。在最大激发波长和最大发射波长条件下分别测量各溶液的荧光强度。平行测定 5 次。

4. 阿司匹林药片中乙酰水杨酸的测定

取 5 片阿司匹林药片称量后研磨成粉，称取 200.0mg 样品，用 1% 乙酸-氯仿溶剂溶解，全部转移到 100mL 的容量瓶中，再用 1‰乙酸-氯仿溶剂稀释至刻度。迅速通过定量滤纸干过滤。取 0.1mL 上述滤液稀释至 100mL，取 10mL 在与标准溶液同样条件测量乙酰水杨酸的荧光强度。

## 五、数据记录及处理

1. 记录乙酰水杨酸的激发光谱和发射光谱，确定最大激发波长和最大发射波长。
最大激发波长____nm，最大发射波长____nm。
2. 标准系列溶液的荧光强度

| 浓度/(μg/mL) | 荧光强度($I$) | | | 灵敏度($S$) | $R^2$ |
| --- | --- | --- | --- | --- | --- |
| | 平均值 | SD | RSD | | |
| 0.40 | | | | | |
| 0.80 | | | | | |
| 1.20 | | | | | |
| 1.60 | | | | | |
| 2.00 | | | | | |

以浓度为横坐标，荧光强度为纵坐标，绘制标准曲线。

3. 待测溶液荧光强度的测定与数据记录

称取阿司匹林肠溶片粉末____g，据待测液的荧光强度，从标准工作曲线上求得其浓度。

| 项目 | 平均值 | SD | RSD |
| --- | --- | --- | --- |
| 荧光强度($I$) | | | |
| 浓度/(μg/mL) | | | |

4. 计算阿司匹林中乙酰水杨酸的含量（乙酰水杨酸的含量）。

## 六、注意事项

1. 使用 F-7000 荧光分光光度计时，要按照仪器使用规定使用，不可随意操作。
2. 使用比色皿时，要注意勿用手直接触摸比色皿表面，应握住侧棱。
3. 阿司匹林药片溶解后，1h 内要完成测定，否则 ASA 的量将降低。

## 七、思考题

1. 为什么要用含 1‰乙酸的氯仿溶液配制乙酰水杨酸溶液？
2. 比较稀溶液和浓溶液的荧光光谱形状，解释其原因。

# 附录　日立 F-7000 荧光分光光度计操作步骤

## 一、开机顺序

(1) 首先接通电脑及打印机电源，Win XP 操作界面开始建立。
(2) 然后接通光度计左侧电源开关（POWER）约 5s 后主机右上方绿色氙灯指示灯点亮，表示氙灯已经启辉工作。
(3) 点击电脑屏幕上 FL Solutions 荧光分析快捷框，进入仪器操作界面。

## 二、关机顺序

（1）使用仪器操作软件退出操作系统并关闭氙灯。
（2）保持主机通电 10min 以上最后关闭主机电源开关（目的是让灯室充分散热）。

## 三、波长扫描的简易操作（Wavelength Scan）

点击快捷栏"Method"后
（1）在 General 界面中*Measurement（测量方式）菜单中选择 Wavelength（波长扫描）。
（2）Instrument（仪器条件）。
*Scan mode（扫描方式）——选择 Excitation（激发波长扫描）或 Emission（发射波长扫描）。
*Data mode（数据方式）——Fluorescence（荧光采集）。
（3）激发波长扫描时：
*EM WL（发射波长）——输入所需的发射波长。
分别在*EX Start WL 和*EX End WL 栏内输入激发起始波长和激发终止波长。
（4）发射波长扫描时：
*EX WL（激发波长）——输入所需的激发波长。
分别在*EM Start WL 和*EMEnd WL 栏内输入发射起始波长和发射终止波长。
*shutter control（光闸控制）——选定后，在不测样品时，激发光不能照射到样品上。
Scan speed（扫描速度）：一般选 1200nm/min。
Ex slit（激发狭缝宽度）：5～10nm；Em slit（发射狭缝宽度）：5～10nm。
PMT voltage（负高压）：400V（灵敏度太低可适当提高负高压，一般不超过 700V）。
（5）Monitor（模拟监视）修改光谱坐标范围。
（6）点击右侧快捷栏"Report"，选择-Use Microsoft Excel，将数据变换为微软 Excel 格式。

## 四、光度计法（工作曲线法定量）的简单操作（Photometry）

（1）在 General 界面中*Measurement（测量方式）菜单中选择 Photometry（光度计），Quantitation type 栏选择 Wavelength（指定波长）；Calibration type 栏选择 1st order（线性方程）；在 Concentration unit 栏中根据需要格式设定标准溶液浓度单位。
（2）Instrument（仪器条件）：在*Data mode 栏中选择 Fluorescence，在*Replicates 栏中输入单个溶液重复测量次数，3 次或 5 次。
（3）在*Number of Samples 栏中设定标准样品数目。点击*Update（修订确认）。
（4）标样测量点击 Measure 框，未知样品测量点击 F4 键，结束测量点击 F9 键。
（5）测定结束后，点击右侧快捷栏"Report"，选择-Use Microsoft Excel，将数据变换为微软 Excel 格式。

# 实验 10　荧光光谱法测定饮料中氨基酸的含量

## 一、实验目的

1. 掌握荧光光度法的测定原理及方法。

2. 熟悉萃取荧光光度法测定的基本操作技术。

## 二、实验原理

氨基酸是蛋白质的基本结构单位和生物代谢过程中的重要物质,对氨基酸的分析技术已经广泛地应用于化工、轻工、食品加工、医药卫生等行业。食品添加剂、化妆品、饲料、泛酸等富含多种氨基酸,其中以丙氨酸为主,测定其中氨基酸的含量对产品开发具有一定意义。利用荧光光度法测定饮料中氨基酸的含量,该方法简便、快速、检测灵敏度高。

方法原理:根据 Hantzsch 反应,氨基酸与乙酰丙酮和甲醛能通过环化、缩合反应,生成 N-取代基-2,6-二甲基-3,5-二乙酰基-1,4-二氢吡啶。该物质在 473nm 处发黄绿色荧光。该反应产物具有较大的共轭基团,形成环状结构,随共轭程度的增加,饱和键中的电子,其基态和激发态的能量差减小,可知其荧光发射量子效率增大,故产生较强的荧光。反应过程见式(2-9)。

$$2H_3C-\overset{O}{\underset{}{C}}-CH_2-\overset{O}{\underset{}{C}}-CH_3 + H-\overset{O}{\underset{}{C}}-H + H_2N-R-COOH \longrightarrow H_3C-\overset{O}{\underset{}{C}}-\overset{CH_2}{\underset{N}{C}}-\overset{O}{\underset{}{C}}-CH_3 + 3H_2O \quad (2-9)$$

反应产物受体系酸度的影响很大,所以要考察实验的最佳酸度。在氨存在下,乙酰丙酮和甲醛反应产生的荧光在一定范围呈线性。因此可采用标准曲线法进行定量分析。由于甘氨酸、亮氨酸、半胱氨酸等多种氨基酸的发射峰位置基本相同,故本法适用于多种氨基酸总量的测定。

## 三、仪器与试剂

1. 仪器

F-7000 荧光分光光度计(根据实验 9 附录设置仪器参数),石英比色皿:1cm,水浴锅:0~100℃,酸度计:PHS-3C。

2. 试剂

丙氨酸标准储备液:0.5mg/L。称取 0.5g 丙氨酸于烧杯中,加水溶解,转移至 50mL 容量瓶中。

丙氨酸标准溶液:50μg/mL。量取 5mL 丙氨酸标准储备液于 50mL 容量瓶中,加水定容。

甲醛溶液:准确量取 2.0mL 质量分数为 36% 甲醛于 50mL 容量瓶中,加水定容。

乙酰丙酮溶液:体积分数为 2%。取 1.0mL 乙酰丙酮于 50mL 容量瓶中,加水定容。

乙酸-乙酸钠缓冲溶液:pH=3.0~6.0。

磷酸二氢钾-氢氧化钠缓冲溶液:pH=7.0~8.0。

碳酸钠-碳酸氢钠缓冲溶液:pH=9.0~10.0。

## 四、实验步骤

1. 丙氨酸-乙酰丙酮-甲醛体系的激发光谱和发射光谱绘制

准确移取 2mL 丙氨酸标准溶液于 10mL 比色管中,依次加入 0.5mL 乙酰丙酮溶液、0.6mL 甲醛溶液和 0.5mL 缓冲溶液,混匀,于 100℃ 水浴锅中加热 10min 后取出,避光保存,在冰水中冷却 3min。加水定容至 10mL,在仪器工作条件下在 280~450nm 范围内扫描激发光谱,在 350~550nm 范围内扫描发射光谱。确定最大激发波长和最大发射波长。

2. 体系酸度选择

分别用 pH 值为 3.0，5.0，6.0，7.0，9.0 的缓冲溶液按第一步中的方法配制氨基酸标准溶液。分别在最大发射波长处测定荧光强度 $F$。制作荧光强度与 pH 的关系曲线，找出最佳 pH。

3. 工作曲线

在上述最佳 pH 条件下，用丙氨酸标准溶液配制浓度分别为 $0\mu g/mL$、$4.0\mu g/mL$、$8.0\mu g/mL$、$10.0\mu g/mL$、$15.0\mu g/mL$、$20.0\mu g/mL$ 的系列丙氨酸标准工作溶液，并进行荧光光谱扫描，在最大发射波长处测量不同浓度氨基酸的荧光强度 $F$。

4. 果汁中氨基酸含量的测定

取 25mL 经过滤的果汁饮料，依系列标准溶液的配制方法处理、测量荧光强度 $F_x$。

## 五、数据记录及处理

1. 确定丙氨酸-乙酰丙酮-甲醛体系的最大激发波长和最大发射波长。

最大激发波长 $\lambda_{ex}$ _____ nm；最大发射波长 $\lambda_{em}$ _____ nm。

2. pH 值对氨基酸荧光强度的影响

| pH 值 | 3.0 | 5.0 | 6.0 | 7.0 | 9.0 |
|---|---|---|---|---|---|
| 荧光强度($I$) | | | | | |

3. 记录标准溶液荧光强度，以测得系列标准溶液的荧光强度（扣去空白）为纵坐标，以氨基酸浓度 $c$ 为横坐标绘制工作曲线。用 Excel 或 Origen 软件拟合线性回归方程，求得线性相关系数 $R^2$。

4. 记录果汁样品溶液的荧光强度。

将测得果汁的荧光强度（扣去空白）利用工作曲线求出果汁中氨基酸的浓度。

| 浓度/($\mu g/mL$) | 荧光强度($I$) | | | | |
|---|---|---|---|---|---|
| | 平均值 | SD | RSD | 灵敏度(S) | $R^2$ |
| 0.0 | | | | | |
| 4.0 | | | | | |
| 8.0 | | | | | |
| 10.0 | | | | | |
| 15.0 | | | | | |
| 20.0 | | | | | |

## 六、思考题

1. 荧光光谱测量与紫外-可见光谱测量的比色皿有何不同？为什么？
2. 荧光物质的激发光谱如何得到？需要设置哪些参数？

# 实验 11　荧光光度法测定样品中维生素 $B_2$ 的含量

## 一、实验目的

1. 掌握用荧光法测定样品中的维生素 $B_2$ 的方法。
2. 掌握 F-7000 荧光分光光度计的操作方法。

## 二、实验原理

1. 荧光光度法原理

（1）常温下，处于基态的分子吸收一定的紫外可见光的辐射能成为激发态分子，激发态分子通过无辐射跃迁至第一激发态的最低振动能级，再以辐射跃迁的形式回到基态，发出比吸收光波长长的光而产生荧光。在稀溶液中，当实验条件一定时，荧光强度 $I_F$ 与物质的浓度 $c$ 呈线性关系：即 $I_F = Kc$（这是荧光光谱法定量分析的理论依据）。

（2）荧光光谱

激发光谱：固定测量波长（选最大发射波长），化合物发射的荧光强度与照射光波长的关系曲线。激发光谱曲线的最高处，处于激发态的分子最多，荧光强度最大。

发射光谱：固定激发波长（选最大激发波长），化合物发射的荧光强度与发射光波长关系曲线。

固定发射光波长进行激发光波长扫描，找出最大激发光波长，然后固定激发光波长进行荧光发射波长扫描，找出最大荧光发射波长。激发光波长和发射荧光波长的选择是本实验的关键。注意：发射光谱波长通常大于激发波长，因此设定发射波长扫描范围应大于激发波长，否则发射光谱中会出现一个与激发波长相同的发射峰，即瑞利散射峰。此外还应注意激发光还会产生一个倍频峰，因此发射光谱的扫描范围应大于激发波长，并小于 2 倍的激发波长。

2. 维生素 $B_2$ 的荧光特性

维生素 $B_2$（又叫核黄素，$VB_2$）是橘黄色无臭的针状结晶。其结构式如图 2-10 所示。由于分子中有三个芳香环，具有平面刚性结构，因此它能够发射荧光。维生素 $B_2$ 易溶于水而不溶于乙醚等有机溶剂，在中性或酸性溶液中稳定，光照易分解，对热稳定。维生素 $B_2$ 溶液在 430～440nm 蓝光的照射下，发出绿色荧光，荧光峰在 535nm 附近。维生素 $B_2$ 在 pH＝6～7 的溶液中荧光强度最大，而且其荧光强度与维生素 $B_2$ 溶液浓度呈线性关系，因此可以用荧光光谱法测维生素 $B_2$ 的含量。维生素 $B_2$ 在碱性溶液中经光线照射会发生分解而转化为另一物质——光黄素，光黄素也是一个能发荧光的物质，其荧光比维生素 $B_2$ 的荧光强得多，故测维生素 $B_2$ 的荧光时溶液要控制在酸性范围内，且在避光条件下进行。本实验采用荧光分析常用的标准曲线法来测定维生素 $B_2$ 的含量。

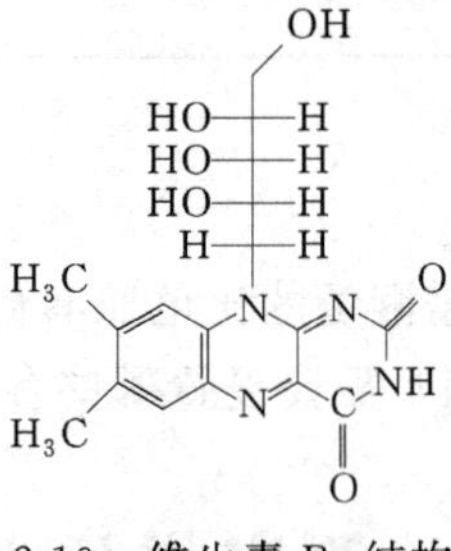

图 2-10 维生素 $B_2$ 结构式

## 三、仪器与试剂

1. 仪器

F-7000 荧光分光光度计（见实验 9 附录）；容量瓶：1000mL 1 只，100mL 2 只；25mL 比色管 7 只；10mL 移液管 2 支；铁架台；研钵；玻璃棒；烧杯；定量滤纸；电子天平。

2. 试剂

维生素 $B_2$ 标准溶液：10.0μg/mL；1% 乙酸溶液；待测样品溶液。

## 四、实验步骤

1. 系列标准溶液的制备

取维生素 $B_2$ 标准（10.0μg/mL）0mL、1.00mL、2.0mL、3.0mL、4.0mL、5.0mL 分别置于 25mL 的比色管中，各加入 1% 乙酸溶液稀释至刻度，摇匀，待测。

2. 待测样品溶液的制备

取给定未知浓度的维生素 $B_2$ 样品溶液 2.0mL 于 25mL 比色管中，用 1% 乙酸溶液稀释至刻度，摇匀，待测。

3. 激发光谱和荧光发射光谱的绘制

将装有 4 号标准溶液（3.00mL 定容至 25mL）的石英皿放入荧光分光光度计中，设置 $\lambda_{em}=540nm$ 为发射波长，在 200～500nm 范围内扫描激发波长，记录荧光强度和激发波长的关系曲线，得到激发波光谱，约在 270nm、372nm、442nm 处有三个峰。分别设置 $\lambda_{ex}$ 为 270nm、372nm、442nm。在 400～600nm 范围内扫描，记录发射强度与发射波长间的关系曲线，得到荧光发射光谱。比较不同激发波长下获得的最大荧光光谱，记录最大荧光波长 $\lambda_{em}$ 和荧光强度。确定各荧光峰的类型。

4. 绘制标准曲线

将激发波长固定在最大激发波长，荧光发射波长固定在最大荧光发射波长处。依次测量上述系列标准维生素 $B_2$ 溶液的荧光发射强度。以溶液的荧光发射强度为纵坐标，标准溶液浓度为横坐标，制作标准曲线。平行测定 5 次。

5. 样品中维生素 $B_2$ 的测定

在同样条件下测定未知溶液的荧光强度，并由标准曲线确定未知试样中维生素 $B_2$ 的浓度，计算待测样品溶液中的维生素 $B_2$ 的含量。

## 五、数据记录及处理

1. 记录维生素 $B_2$ 的激发光谱和发射光谱，确定最大激发波长和最大发射波长。

$\lambda_{ex}$ 为 270nm 时最大发射波长 $\lambda_{em}$ _____ nm，高度为 _____，对应的发射峰为 _____ 峰。

$\lambda_{ex}$ 为 372nm 时最大发射波长 $\lambda_{em}$ _____ nm，高度为 _____，对应的发射峰为 _____ 峰。

$\lambda_{ex}$ 为 442nm 时最大发射波长 $\lambda_{em}$ _____ nm，高度为 _____，对应的发射峰为 _____ 峰。

维生素 $B_2$ 的最大激发波长 $\lambda_{ex}$ _____ nm。

维生素 $B_2$ 的最大发射波长 $\lambda_{em}$ _____ nm。

2. 标准系列溶液的荧光强度

| 浓度/(μg/mL) | 荧光强度($I$) | | | 灵敏度($S$) | $R^2$ |
| --- | --- | --- | --- | --- | --- |
| | 平均值 | SD | RSD | | |
| 0.40 | | | | | |

续表

| 浓度/(μg/mL) | 荧光强度($I$) | | | 灵敏度($S$) | $R^2$ |
| --- | --- | --- | --- | --- | --- |
| | 平均值 | SD | RSD | | |
| 0.80 | | | | | |
| 1.20 | | | | | |
| 1.60 | | | | | |
| 2.00 | | | | | |

以浓度为横坐标，荧光强度为纵坐标，绘制标准曲线。

3. 待测溶液荧光强度的测定与数据记录：

样品液荧光强度平均值为_____。从标准工作曲线上求得其浓度。

4. 根据样品液浓度计算未知液浓度。

## 六、注意事项

1. 使用 F-7000 荧光分光光度计时，要按照仪器使用规定使用，不可随意操作。

2. 因荧光是从石英池下部通过，所以拿取石英池时，应用手指捏住池体的上部，不能接触下部。清洗样品池后，应先用吸水纸吸干四个面的液滴，再用擦镜纸往同一方向进行轻轻擦拭。

3. 配制标准溶液时，为了减少仪器偏差，取不同体积的同种溶液应用同一移液管。

4. 在测定系列标准溶液的浓度和荧光强度时，必须按浓度从低到高的顺序放入测定。

## 七、思考题

1. 测定荧光强度时，为什么不需要参比溶液？

2. 维生素 $B_2$ 在 pH=6~7 时荧光最强，本实验为何在酸性溶液中测定？

3. 激发光谱中 270nm 的峰与发射波长 540nm 之间有什么关系？该激发峰波长与待测物种类是否有关？

4. 为避免倍频峰，激发光谱波长范围应如何选取？

### 参考文献

[1] 31W-Ⅱ型平面光栅摄谱仪说明书.

[2] 杭州师范大学材化学院分析化学教研室. 仪器分析实验讲义[M]. 杭州：2014：13-19.

[3] 高向阳. 新编仪器分析实验[M]，北京：科学出版社，2009：40-41.

[4] 杨万龙，李文有. 仪器分析实验[M]. 北京：科学出版社，2008：52-102.

[5] 张晓丽，江崇球，吴波. 仪器分析实验[M]. 北京：化学工业出版社，2006：39-82.

[6] 童蕾，赵中一，肖芬，郭小慧. 荧光光谱法测定饮料中氨基酸的含量[J]. 化学分析计量，2006，15(2)：18-20.

[7] GB/T 9723—2007 化学试剂火焰原子吸收光谱法通则.

# 第三章　电化学分析实验

## 实验 12　饮料 pH 值的测定

### 一、实验目的

1. 掌握电位法测定溶液 pH 值的原理。
2. 学习 PHS-3C 数显酸度计的操作技术。
3. 掌握用直接电位法测定饮料 pH 值的方法。

### 二、实验原理

用电位法测定溶液的 pH 值时，采用玻璃电极为指示电极，饱和甘汞电极为参比电极。pH 值可以从酸度计上直接读取。

测量时，玻璃电极和饱和甘汞电极插入被测溶液中组成原电池：

$$Ag\,|\,AgCl, HCl(0.1mol/L)\,|\,玻璃膜\,|\,H^+(x\,mol/L)\,\|\,KCl(饱和), Hg_2Cl_2\,|\,Hg$$

$$\underbrace{\varphi_{AgCl/Ag} \quad\quad\quad \varphi_{内} \quad\quad\quad \varphi_{外}}_{玻璃电极} \quad\quad\quad \underbrace{\varphi_{甘汞}}_{饱和甘汞电极}$$

电池的电动势 $E$ 为：
$$\begin{aligned}
E &= \varphi_{甘汞} - (\varphi_{膜} + \varphi_{AgCl/Ag}) + \varphi_{不对称} + \varphi_{液接} \\
&= \varphi_{甘汞} - (\varphi_{外} - \varphi_{内} + \varphi_{AgCl/Ag}) + \varphi_{不对称} + \varphi_{液接} \\
&= \varphi_{甘汞} - [0.0592 \lg\alpha_{H^+(外)} - 0.0592 \lg\alpha_{H^+(内)} + \varphi_{AgCl/Ag}] + \varphi_{不对称} + \varphi_{液接}
\end{aligned}$$

式中，$\varphi_{甘汞}$、$\varphi_{AgCl/Ag}$、$\alpha_{H^+(内)}$ 及 $\varphi_{不对称}$、$\varphi_{液接}$ 均为常数，则：

$$E = 常数 - 0.0592\lg\alpha_{H^+(外)} = 常数 + 0.0592\lg pH_X$$

因此，测得电池的电动势，即可求得溶液的 pH。

玻璃电极的电极系数，即溶液的 pH 变化一个单位时电极电位的变化值。在理论上应等于 59.16mV/pH（25℃）。酸度计上仪表的 pH 标度，正是根据这一关系制作的。即仪表标度的 1 个 pH 相当于 59.16mV（25℃）。如测量时溶液的温度不是 25℃，则可以调节仪器上的温度补偿器，适当改变仪表的灵敏度，使仪表标度与温度下的电极系数相适应。如 20℃ 时，一个 pH 标度相当于 58.10mV。

用玻璃电极测量溶液的 pH 时，不能直接由前述公式进行计算。因该式中的常数项虽在一定条件下对同一测量系统为常数，其实包括许多可变因素，如参比电极的稳定性、内参比溶液的组成及其稳定性、玻璃电极的不对称电位及液接电位等。因此，在实际测量中，必须先用标准缓冲溶液对外测量系统进行校正（定位）后，才能用于测量未知溶液的pH。此外，玻璃电极的电极系数不一定刚好为59.1mV（25℃），一般在57~61mV之间。因此，必须用和待测试液pH值相近的标准缓冲溶液定位，并用两种不同pH的标准缓冲溶液校正仪器的斜率，以减小测量误差。

## 三、仪器与试剂

1. 仪器

PHS-3C pH计，磁力搅拌器，pH玻璃电极，饱和甘汞电极。

2. 试剂

0.1mol/L NaOH 标准溶液。标准缓冲溶液，0.05mol/L 邻苯二甲酸氢钾；0.025mol/L 磷酸二氢钾，0.025mol/L 磷酸氢二钠；0.01mol/L 硼砂。

硼砂溶液应装在聚乙烯塑料瓶中密封保存。标准缓冲溶液一般可保存使用 2~3 个月。但发现有浑浊、发霉、沉淀等现象时，不能继续使用。

3. 试样溶液

取样品 50mL，置于锥形瓶中，放入水浴锅中加热煮沸 10min，逐出 $CO_2$，取出自然冷却至室温，移入 250mL 容量瓶定容，混匀。

## 四、实验步骤

直接电位法测定 pH 值。

（1）按仪器说明书中测 pH 值的操作步骤调试好 pH 计。

（2）用 pH 试纸初测试液 pH 值，选择两种 pH 标准缓冲溶液定位，调节仪器斜率补偿，使仪器 pH 示值和相应 pH 标准缓冲溶液一致。

（3）测出未知试液的 pH 值。三种标准缓冲溶液于 0~40℃时的 pH 值见表 3-1。

表 3-1　三种标准缓冲溶液于 0~40℃时的 pH 值

| 温度/℃ | 0 | 5 | 10 | 15 | 20 | 25 | 30 | 35 | 40 |
|---|---|---|---|---|---|---|---|---|---|
| 0.05mol/L $KHC_8H_4O_4$ | 4.01 | 4.00 | 4.00 | 4.00 | 4.00 | 4.00 | 4.01 | 4.02 | 4.03 |
| 0.025mol/L $KH_2PO_4$ + 0.025mol/L $Na_2HPO_4$ | 6.98 | 6.95 | 6.92 | 6.90 | 6.88 | 6.86 | 6.85 | 6.84 | 6.84 |
| 0.01mol/L $Na_2B_4O_5(OH)_4 \cdot 8H_2O$ | 9.46 | 9.39 | 9.33 | 9.28 | 9.23 | 9.18 | 9.14 | 9.10 | 9.07 |

## 五、数据记录及处理

用表格形式列出原始数据和 pH 值测试结果。

饮料名称＿＿＿＿＿＿，温度＿＿＿＿＿＿℃

| 定位标准缓冲溶液 | | | 试液 pH 值 | |
|---|---|---|---|---|
| 标准缓冲溶液名称 | 理论 pH 值 | 测定 pH 值 | 第一次 | |
| | | | 第二次 | |
| | | | 第三次 | |

## 六、注意事项

1. 取下电极保护套后，避免电极的敏感玻璃泡与硬物接触，任何破损或擦毛都使电极失效。

2. 测量结束及时将电极保护套套上，电极套内放少量外参比补充液，以保持电极球泡湿润。

3. 测量过程中溶液搅拌要充分，读数时搅拌需停止。

4. 换溶液时电极要用蒸馏水充分清洗，并用滤纸吸干电极头上的水分，而不能用力擦干！

## 七、思考题

1. 写出 pH 玻璃电极的电位与溶液 pH 值的关系式。测 pH 值时，为什么要用 pH 标准缓冲溶液定位？又为什么要用与被测试液 pH 值相近的标准缓冲溶液定位？为什么普通的毫伏计不能用于测 pH 值？

2. 玻璃电极使用前应如何处理？为什么？

# 附录　PHS-3C 酸度计使用方法

## 一、校验工作

1. 开启电源前，请先检查电源电压是否与本仪器的电源要求相符。为使仪器工作稳定，仪器必须具有良好接地。

2. 开启电源后，按下 mV 挡，仪器有 000mV 或 −000mV 显示；按下 pH 挡，仪器显示在 6～8pH 左右，调 "定位" 调节旋钮使仪器显示 7.00pH。

3. 校验后，请将仪器预热 30min 后进行标定工作。

## 二、标定准备

1. 请将仪器所附的三种 pH 标准物质用蒸馏水配制成 4.00pH、6.86pH、9.18pH 的标准缓冲溶液待用。

2. 选用的玻璃复合电极，请注意敏感球泡有否裂痕，检查电极的出厂日期。

## 三、标定工作

1. 清洗电极，用滤纸吸干（请勿擦拭，因擦拭将产生静电，影响稳定性）。放入标准缓冲溶液 1 中（一般为 6.86pH）。

2. 用温度计测量当前标液温度，并在仪器上设定相同的温度值。

(1) 按 "温度 △" 或 "温度 ▽" 键调节显示值，使温度显示为温度计测得的被测溶液温度。

(2) 按 "确认" 键，完成设置；按 "pH/mV" 键放弃设置。

3. 待 pH 读数稳定后，按"定位"键，仪器提示"Std yE5"字样，按"确认"键，仪器自动识别并显示当前温度下的标称 pH 值。

4. 按"确定"键即完成一点标定（斜率为 100%）。

5. 如果需要两点标定，则可继续下面操作。

6. 再次清洗电极，并将电极放入标液 2 中（一般为 4.00pH 或者 9.18pH）。

7. 再次测量标液 2 的温度，设置仪器为相同的温度值。

8. 待 pH 读数稳定后，按"斜率"键，仪器提示"Std yE5"字样，按"确认"键，仪器自动识别并显示当前温度下的标称 pH 值；按"确定"键即完成二点标定。

9. 重复上述程序，使仪器示值与两种缓冲溶液的 pH 值完全相符。因本仪器定位与斜率互不影响，标定方便迅速，如果电极质量合格则进行两次，就基本正确。这就是本仪器的明显特点之一。

10. 说明：本仪器稳定性好，一般当测量间隔比较短的情况下，每天标定一次已能达到要求。但遇下列情况，则仪器必须重新标定。

(1) 溶液温度与标定时温度有很大变化时，必须使用"温度补偿"调节旋钮所指示的温度与被测溶液温度相同，然后即可进行测量。

(2) 离开溶液时间过久的电极。

(3) 换用了新的电极。

(4) "定位""斜率"有变动时。

(5) 测量浓酸（pH≤2）或浓碱（pH≥12）之后。

(6) 测量含有氟化物的溶液而酸度在 pH≤7 的溶液或较浓的有机溶液后。

## 四、仪器的维护及注意事项

1. 取下电极保护套后，避免电极的敏感玻璃泡与硬物接触，任何破损或擦毛都使电极失效。

2. 测量结束及时将电极保护套套上，电极套内放少量外参比补充液，以保持电极球泡湿润。

3. 复合电极的外参比补充液应高于被测溶液液面 10mm 以上，如果低于被测溶液液面，应及时补充外参比补充液，补充液可以从电极上端小孔加入，复合电极不使用时，拉上橡皮套，防止补充液干涸。

4. 电极的引出端必须保持清洁、干燥，绝对防止输出两端短路，否则将导致测量失准或失效。

5. 第一次使用的 pH 电极或长期停用的 pH 电极，使用前必须在 3mol/L 氯化钾溶液中浸泡 24h。电极应避免长期浸在蒸馏水、蛋白质溶液和酸性氟化物溶液中。电极应避免与有机硅油接触。

6. 电极经长期使用后如发现斜率略有降低，则可把电极下端浸泡在 4% HF 中 3~5s，用蒸馏水洗净，然后在 0.1mol/L 盐酸溶液中浸泡，使之复新。

7. 玻璃电极的保质期为一年，出厂一年后不管是否使用，性能都会受到影响，应及时更换。

# 实验 13 饮料酸度的测定

## 一、目的要求

1. 掌握电位法测定溶液 pH 值的原理。
2. 掌握用直接电位法测定饮料 pH 值和电位滴定法测定饮料酸度的方法。

## 二、实验原理

电位滴定法是根据滴定过程中，指示电极的电位或 pH 值产生"突跃"，从而确定滴定终点的一种分析方法。

酸的电位滴定，是以 NaOH 溶液为滴定剂，饱和甘汞电极为参比电极，玻璃电极为指示电极，将此两电极浸入试液中，使之组成电池（图 3-1）。指示电极的电位或 pH 值是随溶液中氢离子的活度的不同而变化。确定滴定终点的方法有作图法和二级微商法。

0.1mol/L NaOH 溶液滴定 $H^+$ 的数据见表 3-2。

**表 3-2　0.1mol/L NaOH 溶液滴定 $H^+$ 的数据**

| pH-V | | 一级微商 | | 二级微商 | | $V_{ep}$/mL |
|---|---|---|---|---|---|---|
| $V_{NaOH}$/mL | pH | $(\Delta pH/\Delta V)$/(pH/mL) | $V_{NaOH}$/mL | $(\Delta^2 pH/\Delta V^2)$/(pH/mL$^2$) | $V_{NaOH}$/mL | |
| 22.50 | 7.16 | | | | | |
| | | 2.50* | 22.55 | | | |
| 22.60 | 7.41 | | | 130.0* | 22.60 | |
| | | 15.50 | 22.65 | | | 22.67 |
| 22.70 | 8.96 | | | −64.0 | 22.70 | |
| | | 9.10 | 22.75 | | | |
| 22.80 | 9.87 | | | −29.0 | 22.80 | |
| | | 6.20 | 22.85 | | | |
| 22.90 | 10.49 | | | | | |

其中一级微商的计算方法见式(3-1)；二级微商的计算方法见式(3-2)。

$$\frac{\Delta pH}{\Delta V}=\frac{pH_{n+1}-pH_n}{V_{n+1}-V_n}=\frac{7.41-7.16}{22.60-22.50}=2.50 pH/mL \tag{3-1}$$

$$\frac{\Delta^2 pH}{\Delta V^2}=\frac{15.50-2.50}{22.65-22.55}=130. pH/mL^2 \tag{3-2}$$

1. 作图法（pH-$V_{NaOH}$）

如以滴定剂体积的毫升数为横坐标，以相应的溶液 pH 值为纵坐标，绘制 pH-$V_{NaOH}$ 的滴定曲线。在曲线上可观察"突跃"，如图 3-2 所示。在突跃部分用"三切线法"作图，可以较准确地确定计量点。

"O"点称为拐点，即为计量点。此"O"点垂直相交于 pH 值与 V 坐标处分别得到计量点的 pH 值和滴定剂的体积（mL）。

若以 $\Delta pH/\Delta V$ 对滴定剂平均体积作图构成一级微商曲线，曲线最大点所对应的体积为滴定终点体积。一级微商对应值相减得二级微商，二级微商 $\Delta^2 pH/\Delta V^2=0$ 时所对应的体积为滴定终点体积。

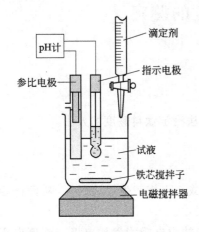

图 3-1 电位滴定装置示意

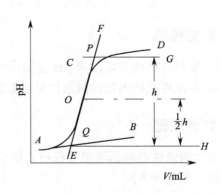

图 3-2 三切线法作图

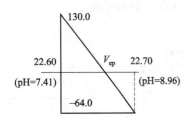

2. 二级微商计算法——内插法求终点

在二级微商值出现相反符号时所对应的两个体积 $V_1$、$V_2$ 之间，必然存在着 $\Delta^2 pH/\Delta V^2 = 0$ 的一点，对应于这一点的体积即为滴定的终点体积。

$$\frac{22.70-22.60}{-64.0-130.0}=\frac{V_{ep}-22.60}{0-130.0}$$

$$V_{ep}=22.60+(22.70-22.60)\times 130.0/(130.0+64.0)=22.67(mL)$$

同理

$$pH_{ep}=7.41+(8.96-7.41)\times 130.0/(130.0+64.0)=8.45$$

即 $V_{ep}=V_1+(V_2-V_1)\times(\Delta^2 pH/\Delta V^2)_1/[(\Delta^2 pH/\Delta V^2)_1-(\Delta^2 pH/\Delta V^2)_2]$

$pH_{ep}=pH_1+(pH_2-pH_1)\times(\Delta^2 pH/\Delta V^2)_1/[(\Delta^2 pH/\Delta V^2)_1-(\Delta^2 pH/\Delta V^2)_2]$

## 三、仪器与试剂

1. 仪器

PHS-3C 型 pH 计，磁力搅拌器，pH 玻璃电极，饱和甘汞电极。

2. 试剂

0.1mol/L NaOH 标准溶液；0.05mol/L 邻苯二甲酸氢钾；0.025mol/L 磷酸二氢钾，0.025mol/L 磷酸氢二钠；0.01mol/L 硼砂。

试样溶液：取样品 50mL，置于锥形瓶中，放入水浴锅中加热煮沸 10min，逐出 $CO_2$，取出自然冷却至室温，移入 250mL 容量瓶定容，混匀。

## 四、操作步骤

1. 按仪器说明书中测 pH 的操作步骤调试好 pH 计；

2. 移取制备好的试样溶液 25.00mL 于 100mL 烧杯中，置于磁力搅拌器上搅拌，从滴定管中滴加 0.1mol/L NaOH 溶液中，使 pH 值达到 6 左右，记下滴入的毫升数及 pH 值。

然后少量滴加 0.1mol/L NaOH 溶液（0.05～0.1mL），每滴加一次，记下滴加量及 pH 值，至 pH 值出现突跃，即至终点 pH 值，同一试样，测定两次，第二次测定时，按绘制滴定曲线的需要选择合适的滴定剂体积记录 pH 值。

## 五、数据记录及处理

1. 制作滴定曲线（pH-V），确定滴定终点，计算饮料酸度和精密度。

$V_{果汁} =$ _____ mL        $c_{NaOH} =$ _____ mol/L

| $V_{NaOH}$ | pH | $V_{NaOH}$ | pH | $V_{NaOH}$ | pH | $V_{NaOH}$ | pH |
|---|---|---|---|---|---|---|---|
|  |  |  |  |  |  |  |  |
|  |  |  |  |  |  |  |  |
|  |  |  |  |  |  |  |  |
|  |  |  |  |  |  |  |  |
|  |  |  |  |  |  |  |  |
|  |  |  |  |  |  |  |  |
|  |  |  |  |  |  |  |  |
|  |  |  |  |  |  |  |  |

$V_{ep} =$ mL 试液酸度：$c_{H^+} =$ _____ 。

2. 将数据输入计算机，用 Excel 计算一级微商和二级微商，用二级微商法确定终点。

| pH-V | | 一级微商 | | 二级微商 | | $V_{ep}$ |
|---|---|---|---|---|---|---|
| $V_{NaOH}$ | pH | $\Delta pH/\Delta V$ | $\bar{V}$ | $\Delta^2 pH/\Delta V^2$ | $\bar{V}$ |  |
|  |  |  |  |  |  |  |
|  |  |  |  |  |  |  |
|  |  |  |  |  |  |  |
|  |  |  |  |  |  |  |
|  |  |  |  |  |  |  |
|  |  |  |  |  |  |  |
|  |  |  |  |  |  |  |
|  |  |  |  |  |  |  |
|  |  |  |  |  |  |  |

$\bar{V}_{ep} =$ _____ mL        $c_{NaOH} =$ _____ mol/L

$V_{试液} =$ _____ mL        试液酸度：$c_{H^+} =$ _____ mol/L

## 六、思考题

1. 比较直接电位法测得饮料 pH 和电位滴定法测得的酸度是否相同？为什么？
2. 电位滴定时滴定速度为什么要先快后慢？终点附近滴定速度太快会导致什么样的结果？
3. 为什么计算一级微商时会出现多个极大值？

# 实验14 直接电位法测定牙膏中的氟含量

## 一、实验目的

1. 掌握一般 pH/mV 计的使用操作技术。
2. 掌握用离子选择电极进行直接电位分析的原理与方法。
3. 了解 F 含量对人体健康的影响。

## 二、实验原理

本实验采用直接电位分析法测定牙膏样品中的氟,氟电极电位与溶液中的 $F^-$ 活度符合 Nernst 方程,由氟电极与参比电极组成原电池,其电动势方程 $E_池 = 常数 + 0.059 \lg [a_{F^-}]$,在实际测量中要求测定 $F^-$ 的浓度而不是活度,因此,实验中要固定溶液的离子强度,使活度系数成为常数,从而使电极电位与 $F^-$ 浓度的对数 $\lg c_{F^-}$ 的关系成线性,可用工作曲线法定量。目前,氟离子选择电极已广泛应用于天然饮用水、工业氟污染水的分析中。为了使样品溶液与标准溶液的离子活度系数相同,必须固定这两种溶液的离子强度。氟离子选择电极对 $[AlF_6]^{3-}$、$[FeF_6]^{3-}$ 等配离子和氟化氢缔合物形式的氟无响应或响应甚微。因此在含氟溶液中加入 TISAB(total ionic strength adjustment buffer)兼备以下作用:

(1) 大量的电解质使溶液的总离子强度基本固定不变;
(2) 作为缓冲液其 pH 值为 5.0~5.5,消除 $OH^-$ 干扰,且不易形成氟化氢缔合物;
(3) 其柠檬酸盐能配合 $Al^{3+}$、$Fe^{3+}$ 等使原来被它们缔合的氟离子释放出来。

## 三、仪器与试剂

1. 仪器

PHS 型 pH 计/离子计;电磁搅拌器;氟离子选择性电极;Ag/AgCl 电极;超声波清洗器。

2. 试剂

(1) $F^-$ 标准溶液(0.1000mol/L):准确称取 4.198g 在 120℃ 干燥过后的氟化钠(AR),以水溶解转入 1000mL 容量瓶中用水稀释至刻度,混匀转移至塑料瓶中储备。

(2) TISAB(总离子强度调节缓冲溶液):在 500mL 水中,加入 14.28mL 冰醋酸(AR)、61.5g 醋酸钠(AR)、58.5g 氯化钠和 0.3g 柠檬酸钠(AR),用水稀释至 1L,pH 为 5.0~5.5。

## 四、实验步骤

1. 配制 $1.000 \times 10^{-2} \sim 1.000 \times 10^{-5}$ mol/L 的氟标准溶液系列

取 1 个 50mL 的容量瓶,准确加入 5mL 0.1000mol/L 的氟标准溶液,加入 25mL TISAB,用水稀释至刻度,此溶液为 $1.000 \times 10^{-2}$ mol/L 氟标准溶液。然后在 $1.000 \times 10^{-2}$ mol/L 标准溶液的基础上逐级稀释成 $1.000 \times 10^{-3} \sim 1.000 \times 10^{-5}$ mol/L 氟标准溶液,每个浓度差为 10 倍(注意:除第一份溶液外,每个标准液均加入 22.5mL TISAB 溶液,想想为

什么?)。在配制溶液的过程中注意润洗烧杯。使用取不同浓度溶液的四根吸量管,免去润洗的麻烦。值得注意的问题:润洗和取 5mL 溶液的时候要节约,以免后面测量时溶液不够用。

配制空白溶液:在容量瓶中加入 25mL TISAB 溶液,用去离子水稀释至刻度即可。

2. 标准氟工作曲线的制作

安装好实验装置,插上电源,按"ON"键打开 pH/mV 计,再按"MODE"键将测量状态调至 mV,把电极插入去离子水中在搅拌的条件下洗涤至电位计读数在 +400mV 以上,更换去离子水后读数波动不超过 5mV 表示电极已进入工作状态,可以进行测量。首先测量空白溶液,取清洗到稳定值的电极,将空白溶液倒入烧杯中,放入搅拌子,调节转速至转动稳定(无需转太快),插入氟离子选择电极和银-氯化银电极(浸没电极,不要碰到搅拌子,不要有气泡,不要放在中心),放置 5min 左右,使电极适应缓冲溶液体系。记下读数。如果电极下面有气泡,把电极提起来再放进去。

将适量(不能太少,液面离搅拌子太近溶液打到电极)标准溶液分别倒入 4 只烧杯中,由稀至浓分别测量标准溶液的电位值(等到显示 ready),每次测定前将搅拌子和电极上的水珠用滤纸擦干,但注意不要碰到底部晶体膜。记下读数。测定过程中搅拌溶液的速度应该恒定,解决办法是第一次搅拌子稳定后,不动转速按钮,直接开关搅拌器。最后以 F⁻ 浓度的对数为横坐标,电位(mV)为纵坐标,绘制标准曲线。测量完毕后将电极用蒸馏水清洗直至测得电位值与第一次清洗时的电位值相近。这点很重要,在测定牙膏样品之前一定要洗至空白。因为电极已经被污染了,影响读数的准确性。

3. 牙膏中氟含量的测定

准确称取 1g 左右的牙膏样品于小烧杯中,用玻棒取,在天平上垫上称量纸,玻棒与烧杯一起称。用 25mL TISAB 溶液分数次将牙膏样品稀释后转移至 50mL 容量瓶中(第一次用 5mL,充分缓慢搅拌,直到不溶物比较少,大概 3min),用水定容至刻度(可能会有少量气泡)。定容后不盖塞子,超声振荡几分钟。按操作步骤用已经清洗至空白值的电极测量电位,读数。

4. 实验结束后注意事项

电极用水清洗至测得的电位值约为 +400mV(复原),洗干净镊子并擦干,洗净实验器具摆放整齐,关闭 pH 计和磁力搅拌器,搅拌磁子回收,通风橱收拾干净。擦干参比电极,帽子盖上。

## 五、数据记录及处理

1. 将测定结果填入下表,作出 $E$(mV)-$\lg c_{F^-}$ 工作曲线。
2. 从工作曲线上查出样品溶液中的 F⁻ 浓度,并计算牙膏中氟的含量。

| F⁻浓度/(mol/L) | | | | | 样品 |
|---|---|---|---|---|---|
| $E$/mV | | | | | |
| 测定结果 | 牙膏中氟的含量: | mg/g | | | |

## 六、注意事项

1. 测量时浓度应由稀至浓。
2. 测量空白溶液的电位时,将电极在溶液中放置 5min 左右,使其适应缓冲溶液体系。

3. 绘制标准曲线时测定一系列标准溶液后,应将电极清洗至原空白电位值,然后再测定未知试液的电位值。

4. 测定过程中搅拌溶液的速度应该恒定,电极不要碰到搅拌子,不要有气泡,避免放在漩涡中心。

## 七、思考题

1. 实验中加入离子强度调节缓冲溶液(TISAB)的作用是什么?
2. 采用氟离子选择电极测定 $F^-$ 含量时,工作曲线法和标准加入法各有何优缺点?
3. 氟含量过高对人体健康有什么危害?
4. 为什么实验中所用的烧杯为塑料烧杯,水应为高纯水?
5. 测定标准溶液系列时,为什么按从稀到浓的顺序进行?

# 实验15 库仑滴定法测定砷

## 一、实验目的

1. 学习和掌握库仑滴定法的基本原理。
2. 练习简易库仑滴定仪的安装、使用和滴定操作。
3. 测定试液中痕量砷的含量。

## 二、实验原理

库仑滴定法是建立在控制电流电解过程基础上的一种相当准确而灵敏的分析方法,可用于微量分析及痕量物质的测定。它是在恒电流条件下,以100%的电解效率,电解某一溶液,使产生一种能与被测物质进行定量化学反应的物质(滴定剂)。因为一定量的被分析物质需要一定量的"滴定剂"与之作用,而此一定量的"滴定剂"又是被一定量的电量所电解出来的。故由电解所消耗的电量即可按法拉第定律求得被分析物质含量。这种滴定方法所需滴定剂不是由滴定管加入的,而是借助于电解方法产生的。滴定剂的量与电解所消耗的电量成正比。所以称为"库仑滴定"。库仑滴定反应的终点可以用指示剂、电位法或电流法来指示。影响测定精度的主要因素是终点确定、电量的精确测定和电流效率必须为100%,即通过电解池的电流全部用于电解被测定的物质。

本实验是用恒电流电解碘化钾缓冲液(用碳酸氢钠控制溶液pH值)。在阳极上碘离子氧化为碘,生成的碘立即与溶液中的As(Ⅲ)作用,反应如式(3-3)所示:

$$2I^- - 2e^- = I_2$$

$$I_2 + AsO_3^{3-} + H_2O = 2I^- + AsO_4^{3-} + 2H^+ \quad (3-3)$$

分别用淀粉指示剂或"死停法"确定终点。当砷(Ⅲ)全部被氧化为砷(Ⅴ)后,过量的碘将淀粉溶液变为蓝紫色,指示终点达到。当用死停法指示终点时,此时指示系统中检流计光点突然发生移动,即为终点到达。根据测量电解时所消耗的电流值和时间,即可按法拉第定律计算溶液中砷的含量。

$$m = \frac{itM}{96485n}$$

式中　$M$——待测物分子量（或原子量）；
　　　$i$——电解电流；
　　　$n$——电极反应电子数；
　　　$t$——电解时间。

为了保证100%电流效率，在试液中加入大量KI。电解对其浓度影响很小，因而不需在电解过程中增加电解电压，从而避免了在直接由恒电流电解被测离子情况下，待测离子浓度降低而需增加电解电压而引起的副反应。此外，在电解池中采用大面积铂片电极，加强搅拌等措施避免浓差极化产生。

## 三、仪器与试剂

1. 仪器

本实验采用单元仪表组合的简易库仑滴定装置（如图3-3所示）。

KLT-1型通用库仑仪及库仑池、电磁搅拌器及搅拌磁子、秒表；量筒（100mL），吸量管（2mL、5mL）各1支。

2. 试剂

0.5mol/L $Na_2SO_4$；0.5%淀粉溶液（新配制）；1∶1硝酸；亚砷酸未知液。

碘化钾缓冲溶液配制：溶解120g KI、20g 碳酸氢钠，稀释至1L，加入亚砷酸溶液2～3mL，以防被空气氧化。

100μg/mL As(Ⅲ) 溶液配制：准确称取三氧化二砷0.1320g，放置于100mL烧杯中，加5mL 20%NaOH，温热至三氧化二砷全部溶解后，以酚酞作指示剂，用1mol/L $H_2SO_4$中和至无色，再过量10mL，转入1L容量瓶中用蒸馏水稀释至刻度。

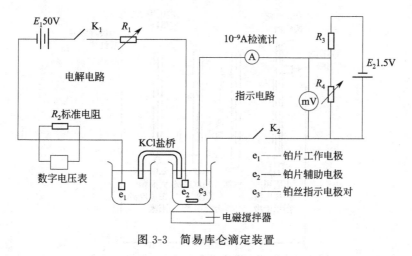

图3-3　简易库仑滴定装置

## 四、实验步骤

1. 指示剂法确定终点

（1）按图3-3连接线路，安装成简易的库仑滴定仪。铂电极需浸于温热的1∶1硝酸中数分钟，取出后用水洗净，用滤纸吸干水分。

(2) 电解池阳极区取一个 50mL 烧杯，加入 25mL 0.5mol/L $Na_2SO_4$ 溶液、2mL 1mol/L KI 溶液及淀粉溶液 20 滴，放入搅拌磁子，置于电磁搅拌器上，作阳极区。

(3) 电解池阴极区另取一个 50mL 烧杯，加入 30mL 0.5mol/L $Na_2SO_4$ 溶液，作阴极区。

(4) 将铂片电极或铂网电极分别浸入阳极区和阴极区的溶液中，用盐桥将阳极区和阴极区连接起来，启动电磁搅拌器。

(5) 合上电键 $K_1$，调节转盘电阻箱 $R_1$，使电解电流为 2mA（设定标准电阻 $R_2$ 为 50Ω，调节到数字电压表 P 示值为 100mV）。同时进行预电解，直至阳极区的溶液刚出现蓝紫色而不褪去时，拉开电键 $K_1$，停止预电解。

(6) 准确吸取 2.00mL 亚砷酸未知液于阳极区的烧杯中，再合上电键，同时按动秒表开始计时。注意随时调节 $R_1$，使保持恒电流为 2.00mA。当电解至溶液刚出现蓝紫色而不褪去时，按下秒表停止计时，打开电键 $K_1$。

(7) 记录电解时间和电压表上读数，计算电解电流，最后计算亚砷酸浓度。

(8) 另取试液更换阳极区溶液，作重复实验共三次，求得亚砷酸浓度的平均。

2. 电流法——"死停法"确定终点

(1) 取 2.0mL 1.0mol/L KI 置于 KLT-1 型通用库仑仪的库仑池内，加入 80mL 0.5mol/L $Na_2SO_4$ 溶液，搅匀。取少部分 0.5mol/L $Na_2SO_4$ 溶液注入砂芯隔离的对电极池内并使液面高于库仑池内的液面。

(2) 按仪器说明书检查仪器各键是否处于初始状态，然后打开电源预热 25～30min，连接电解线路（红黑线组）正端（红线）到库仑池双铂片工作电极，负端（黑线）接到铂丝对电极。分别连接指示线路（红白线组）的正、负端（红线或白线任意）到两个铂片指示电极上。见图 3-4。

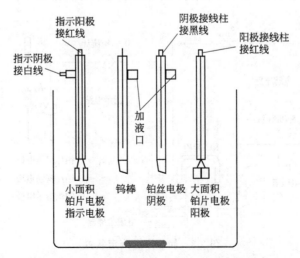

图 3-4 KLT-1 型通用库仑仪库仑池电极示意

(3) 选用电流上升法指示终点。按下电流键、上升指示键、极化电位键，调节补偿器到 0.3 圈左右，使施加于指示电极间的电压约为 150mV。松开极化电位键，将量程选择开关置于 5mA 或 10mA 处，松开极化电位。

(4) 先用滴管滴加 3~4 滴砷样品试液于库仑池内，开启电池搅拌器，将状态挡置于工作，按下启动键、电解开关。指示灯熄灭表示电解开始，当电解到达终点时指示灯亮，电解自动停止。弹起启动键，显示器数值自动消除，这一步起着校正终点的作用。

(5) 用微量移液管准确移取 2.00mL 亚砷酸未知液于库仑池中，在不断搅拌下重新按下启动键和电解开关，进行电解电量，其单位为毫库仑（mQ）。

(6) 重复步骤 5 操作，平行测定 3 次。

## 五、数据记录及处理

库仑滴定法测定砷的数据记录

| 方法 | 测定次数 | 1 | 2 | 3 | 平均偏差 SD |
|---|---|---|---|---|---|
| 指示剂法 | 时间/min | | | | |
| 电流法 | 毫库仑/mQ | | | | |

分别计算两种方法三次测得的砷试液浓度（μg/mL），求其平均值。

## 六、注意事项

1. 电解电流测定要求准确。本处采用 $I=$ 毫伏数/标准电阻计算。若电流表已作过校正，也可直接使用。随着电解的进行，电流有微小变化，这时应随时调节 $R_1$，使电流保持恒定。

2. 用指示剂法测定终点时，预电解终点溶液颜色和正式测定时终点颜色应一致。

3. 通用库仑仪电解电路和测量电路的电极不要接反。

4. 溶液搅拌要充分，但要避免产生大量气泡。

## 七、思考题

1. 本实验的电解电路是怎样获得恒电流的？
2. 讨论本实验滴定中可能的误差来源及其预防措施。
3. 比较两种方法的精密度，并解释原因。

# 实验 16  环境水样化学耗氧量（COD）的测定

## 一、实验目的

1. 学习和掌握库仑滴定法测定水样 COD 的原理和有关操作技术。
2. 学习和掌握环境水样消解的方法。

## 二、实验原理

化学耗氧量 COD 是指水体中易被氧化的有机物和无机物（不包括 $Cl^-$）所消耗的氧的数量（以氧的 mg/L 表示），是评价水体中有机污染物质的相对含量的一项重要的综合性指标，也是对河流、工业污水的研究以及污水处理厂控制的一项重要的测定参数。

目前国内外常用的 COD 测定方法有：重铬酸钾法和高锰酸钾指数法两种。传统的化学耗氧量测定采用的是滴定法，但该方法有着消耗时间长、耗费试剂多、操作繁琐等缺点。采用基于库仑滴定原理的化学耗氧量测定仪具有操作省时、节约试剂、操作简便等优点，更适合测定 COD 值。

化学耗氧量测定仪的分析原理是，用过量的重铬酸钾（或高锰酸钾）为氧化剂，氧化有机物中的碳元素（C），剩余的氧化剂以电解产生亚铁离子为还原剂进行测定，从而测出 COD 值。其方法依赖于恒电流库仑滴定，原理遵循库仑定律：

$$m = \frac{Q}{96487} \times \frac{M}{n} \tag{3-4}$$

式中，$Q$ 为电量，$Q$；$M$ 为欲测物质的分子量；$n$ 为滴定过程中被测离子的电子转移数；$W$ 为欲测物质质量，g。

设样品 COD 值为 $c_x$（以 mg/L 为单位），取样量为 $V$（mL），因为 $m = c_x \frac{V}{1000}$；$Q = It$，氧的分子量为 32，电子转移数为 4，将以上各项代入式(3-4) 整理得式(3-5)。

$$c_x = COD(mg/L) = \frac{8000}{96487} \times \frac{I(t_0 - t_1)}{V} \tag{3-5}$$

式中　$I$——电解电流，mA；

$t_0$——空白试验时，电解产生亚铁离子，标定重铬酸钾或高锰酸钾的时间；

$t_1$——水样试验时电解产生亚铁离子滴定剩余重铬酸钾（或高锰酸钾），水样中的耗氧物质还原一定量的重铬酸钾（或高锰酸钾），剩余的重铬酸钾（或高锰酸钾）由电解产生亚铁离子为还原剂，还原剩余的重铬酸根离子（或高锰酸根离子）直至反应完全。此时仪器进入终点状态。指示电极电位突变，进而测得样品的耗氧量。

化学耗氧量测定仪测定 COD 与滴定分析法相比具有如下优点。

(1) 操作省时。重铬酸钾法一次样品全过程分析需 30min，高锰酸钾指数法全过程一次分析需 40min，而一般滴定分析法测定一次全过程需半天左右。

(2) 节省试剂。硫酸铁不需要每天标定。因为滴定亚铁离子是在阴极上电解产生，随时用随时电解，省去了试剂标定工作。

(3) 对于氯化物含量较高的水体（一般为 60mg/L 以上）只需要用硝酸银消除干扰即可。而在标准铬法中对氯化物含量高于 30mg/L 的水体，需硫酸汞消除干扰，从而引入了二次污染。

(4) 高含量、低含量都可以测定。仪器可直接测定 COD 值低于 1000mg/L 的水体，高于 1000mg/L 的水体可稀释后测定，水样的 COD 值低于 2~3mg/L 时仍然可以测定，仪器灵敏度为 0.3mg/L。

## 三、仪器与试剂

1. 仪器

HH-5 型化学耗氧量测定仪（见图 3-5，图 3-6）；电解池（见图 3-7）；回流装置（球形冷凝管、250mL 磨口锥形瓶）（见图 3-8）；电炉。

（1）主机及搅拌器

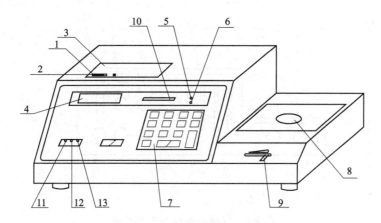

图 3-5　仪器前面板各功能示意

1—打印与走纸切换键；2—走纸键；3—打印机；4—数码管字符显示器；
5—电流指示灯；6—终点灯；7—键盘；8—电解池固定凹板；9—搅拌速
度调节钮；10—指示电极电位信号显示器；11～13—电解电流指示灯

① 打印与走纸切换键：开机后第一次按"主机面板打印键"后，再按此键，打印机指示灯亮，打印机打印数据。

② 走纸键：按此键，打印机空走纸。

③ 打印机：打印各条件参数及分析结果。

④ 数码管字符显示器，用于显示测定水样的体积、标定值及测定结果。

⑤ 电流指示灯：此灯亮表示仪器有电解电流加至电解池电解电极上，仪器处于电解状态。

⑥ 终点灯：仪器电解结束进入终点，终点指示灯亮，显示器显示出分析结果，并伴有蜂鸣器蜂鸣。

⑦ 键盘：由数字键和功能键组成。

［·/打印］键：为小数点及打印双功能键。

［体积］键：用于输入水样的进样量体积，以 mL 为单位（注：该水样体积为不经稀释直接加至消解杯消解的量）。

［标定/测量］键：用于切换标定和测量两种状态，在测量挡可修改预置标定值，单位为 mg/L。

［铬法/锰法］键：用于切换铬法与锰法两种功能。

［电流］键：用于切换 10mA、20mA、40mA 三挡电流。

［启动］键：输入启动命令，仪器进入电解状态开始滴定。

⑧ 电解池固定凹板。

⑨ 搅拌速度调节钮，向右滑动增大搅拌速度，向左降低搅拌速度。

⑩ 指示电极电位信号显示器，用于观察指示电位的变化情况。

⑪ 电解电流 10mA 挡指示灯。

⑫ 电解电流 20mA 挡指示灯。

⑬ 电解电流 40mA 挡指示灯。

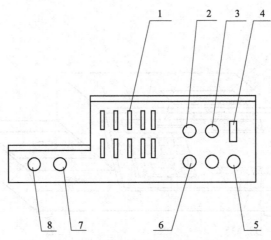

图 3-6 仪器后面板各功能示意

1—散热孔；2—蜂鸣器；3—大功率稳压器；4—电源开关；5—电源插座及电源保险丝，220V；6—接地端子；7—测量电极插座；8—电解电极插座

(2) 电解池结构如图 3-7 所示。

(3) 消解系统结构如图 3-8 所示。

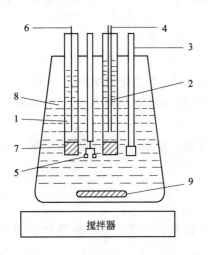

图 3-7 电解池结构示意

1—电解铂丝阳极内充 3mol/L $H_2SO_4$；2—指示负极钨棒管内充饱和 $K_2SO_4$ 溶液；3—指示正极单铂片连小二芯红线叉；4—指示负极钨棒连小二芯黑夹子；5—电解阴极双铂片连大二芯黑线叉；6—电解阳极铂丝连大二芯红线叉；7—石英砂芯；8—电解液；9—搅拌子

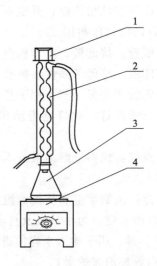

图 3-8 消解系统结构示意

1—防尘盖；2—蛇形冷凝管；3—消解杯；4—300W 电炉

2. 试剂

(1) 重蒸馏水：于蒸馏水中加入少许高锰酸钾进行重蒸馏。

(2) 重铬酸钾溶液 [$(\frac{1}{6}K_2Cr_2O_7)=0.05$mol/L]：称取 2.4516g 重铬酸钾溶于 1000mL

重蒸馏水中,摇匀备用。

(3) 硫酸-硫酸银溶液:于500mL浓硫酸中加入6g硫酸银,使其溶解,摇匀。

(4) 硫酸铁溶液 $[\frac{1}{2}Fe_2(SO_4)_3 = 1mol/L]$:称取200g硫酸铁 $[Fe_2(SO_4)_3]$ 溶于1000mL重蒸馏水中。若有沉淀物需过滤除去。

(5) 硫酸汞溶液:称取4g硫酸汞置于50mL烧杯中,加入20mL 3mol/L的硫酸,稍加热使其溶解,移入滴瓶中。

## 四、实验步骤

1. 消解样品

(1) 标定扣除本底空白的1mL重铬酸钾溶液的总氧化量,取蒸馏水12mL和17mL硫酸-硫酸银溶液,加1mL重铬酸钾溶液、加热回流15min,稍冷加33mL蒸馏水加7mL硫酸铁溶液,冷至室温后待测。

(2) 取水样10mL,加1mL重铬酸钾溶液、2mL蒸馏水、17mL硫酸-硫酸银溶液,加热回流15min后,稍冷加33mL蒸馏水、7mL硫酸铁溶液,冷至室温后待测。

2. 准备电解池

(1) 将洗净备用的电解池用约1mL饱和$K_2SO_4$注入钨棒(指示负极)内充液腔。

用约1mL 3mol/L $H_2SO_4$注入铂丝(电解阳极)内充液腔,将电解池静置10min观察内充液是否存在明显漏失现象,如发现,实验前应及时补充。

(2) 大二芯红线叉接单铂丝引线端子(电解阳极);大二芯黑线叉接双铂片引线端子(电解阴极)。

(3) 小二芯红线叉接单铂片引线端子(指示正极);小二芯黑线夹接钨棒引线端子(指示负极)。

(4) 将此电解池置于主机右侧电解池固定凹板上并将大小二芯插头分别插入主机后侧板的对应插座内。

3. COD测定

(1) 开启电源,选定仪器的分析方法为铬法。选择20mA的电流挡。

(2) 将回流好的空白(标定)消解杯放于搅拌器上,放入干净的磁力搅拌子一只,把准备好并接好连线的电极头插入消解杯中,选择适当的搅拌速度(电解液起旋,但无气泡)"标定/测量"置标定挡。

(3) 按"启动"键,"电流"灯亮,仪器开始从"0"作加法计数,这时开始电解产生$Fe^{2+}$滴定重铬酸钾,到终点后,终点灯亮,同时蜂鸣器鸣叫,电解电流自动关闭,计数停止,如需打印,按打印键,打印参数及结果。不需打印,按任意键,终点灯灭。重复上述步骤3次,则仪器自动取平均值作为重铬酸钾总氧化量的标定值,存储到机内。

(4) 在测量样品前,按一下"标定/测量"键,使测量灯亮,这时显示器显示出"b"及标定时平均标定值(也可通过键盘输入标定值),输入体积值(即水样的体积10mL),把电极头放入回流消解好的(或水浴好的)样品杯中,按下"启动"键,仪器自动电位补偿,补偿完成后,电流灯亮,仪器开始从预置标定值作减法计数,到终点后终点指示灯亮,同时报警,电解停止,所显示数即为样品的COD值(如稀释过,其显示结果应乘上稀释倍数)。

重复上述步骤 3 次。

(5) 记录标定值和样品 COD 值。

## 五、数据记录及处理

库仑滴定法测定 COD 的数据记录

| 测定次数 | 1 | 2 | 3 | 平均偏差 SD |
|---|---|---|---|---|
| 标定值 | | | | |
| COD 值/(mg/L) | | | | |

## 六、注意事项

1. 所用分析纯试剂，必须是透明无色，无絮状物，无残渍。
2. 内充液在连续使用一周左右应及时更换。
3. 各连线接触应保持良好，否则仪器不能正常工作（出现无终点等故障）。
4. 电极铂片应保持光亮，有时在使用后会附着氯化银等化合物，此时应用（1+3）硝酸溶液在消解杯内浸洗并用蒸馏水洗净。如长期不用可置于干净无任何溶液的电解杯内。

## 七、思考题

1. 写出重铬酸钾氧化有机物中 C 的化学方程式？
2. 为什么库仑滴定法测定 COD 只需要用硝酸银即可消除氯的干扰。而在铬法滴定中需硫酸汞才可消除氯的干扰？
3. 讨论本实验滴定中可能的误差来源及其预防措施。

# 实验 17 循环伏安法测定电极反应参数

## 一、实验目的

1. 学习循环伏安法测定电极反应参数的基本原理。
2. 了解可逆波、不可逆波的循环伏安图的特点。

## 二、实验原理

循环伏安法（CV）也称为三角波线性电位扫描法，是重要的电分析化学研究方法之一。该法将对称的三角波扫描电压施加于电解池的电极上，记录工作电极上的电流随电压变化过程，得到一个峰形的阴极波，而在三角波的后半部分，则得到一个峰形的阳极波。一次三角波电压扫描，电极上完成一个氧化还原循环。

对于可逆氧化还原电对，如铁氰化钾体系，$K_3[Fe(CN)_6]+e^- \rightleftharpoons K_4[Fe(CN)_6]$，CV 曲线上的氧化峰电流 $i_{pa}$ 及氧化峰电位 $E_{pa}$，还原峰电流 $i_{pc}$ 及还原峰电位 $E_{pc}$ 应满足下列关系：$E_p = E_{pa} - E_{pc} \approx 0.056/n$；$i_{pa}/i_{pc} \approx 1$。

根据实验得到的 $E_{pa}$ 和 $E_{pc}$ 即可计算出电对的标准电极电位 $E^{\ominus} = (E_{pa} - E_{pc})/2$ 和 $n$

值,与理论值相比较也可判断电极反应的可逆性。

## 三、仪器与试剂

1. 仪器

LK2005A 型微机电化学分析系统;三电极系统:玻碳电极作为工作电极,饱和甘汞电极作参比电极,铂电极作对极。

工作电极预处理:将工作电极在麂皮上抛光成镜面(或在 6# 金相砂纸上轻轻擦拭光亮),再用超声波依次在 1+1 $HNO_3$、无水乙醇和蒸馏水中洗涤 1~2min,备用。

2. 试剂

0.5mol/L KCl;铁氰化钾溶液;烧杯。

## 四、操作步骤

1. 移取 20mL 0.5mol/L KCl 溶液于小烧杯中,加入 0.2mL 0.1mol/L 铁氰化钾溶液,搅拌均匀。

2. 打开 LK2005A 软件,选择"循环伏安法",按表 3-3 设置实验参数。

表 3-3 循环伏安法实验参数

| 灵敏度 | 滤波参数 | 初始电位 | 开关电位 1 | 开关电位 2 | 扫描速度 | 循环次数 |
|---|---|---|---|---|---|---|
| 10μA/V | 10Hz | +0.600V | +0.600V | −0.200V | 200mV/s | 3 |

3. 记录该方法循环伏安图,存盘。

## 五、数据记录及处理

| 参　数 | $E_a$ | $i_{pa}$ | $E_c$ | $i_{pc}$ | $E_a$-$E_c$ | $i_{pa}/i_{pc}$ |
|---|---|---|---|---|---|---|
| 循环伏安法 | | | | | | |

## 六、思考题

1. 判断电极是否可逆。
2. 观察连续循环伏安曲线,各次循环曲线中的峰电流有何变化规律,并解释原因。

# 附录　LK2005A 电化学工作站操作说明

1. 仪器的启动与自检

(1) 将主机与计算机、外设等连接好。

(2) 打开计算机的电源开关,打开 LK2005A 电化学工作站主机的电源开关。在 Windows XP 操作平台下运行"LK2005A.exe",进入主界面。按下主机前面板的"复位"键,这时主控菜单上应显示"系统自检"界面(如图 3-9 所示),待自检界面通过后,在"设置"菜单上选择"通讯测试",此时主界面下方显示"连接成功",系统进入正常工作状态。

(3) 如果上述操作不能使仪器进入正常工作状态,如采样过程不停止,或不传送数据等,这时应中断实验,进行硬件测试。如果硬件测试不成功时,应按下"复位"键复位。请再仔细检查各个连接线是否连接正确,电脑主机上的串口是否损坏。确认各连接线正确无

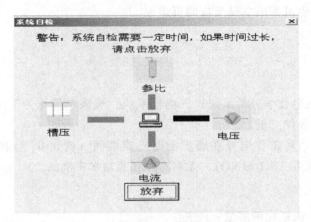

图 3-9　电化学工作站运行主界面

误，电脑主机上的串口完好后，仪器仍然无法正常工作时，应立即与生产厂家联系。

（4）为了随时了解系统的工作状态，LK2005A 型设置了"硬件测试"功能。

在主控菜单下打开"设置"菜单，单击"通讯测试"，此快捷键为 ![icon]，如果系统工作正常，屏幕下方应弹出"系统连接成功"对话框。否则，表明计算机与主机的联系中断，这时按下仪器前面板上的"复位"键复位。

### 2. 循环伏安法

（1）打开计算机的电源开关，打开 LK2005A 电化学工作站主机的电源开关。

（2）在方法分类中选择"线性扫描技术"，再在实验方法中双击"循环伏安法"，即弹出"参数设置"对话框，根据实验要求设置各参数。

（3）参数设置完成后按下"确定"键，即参数设定完成，返回主菜单。

点击 ![icon] 按钮开始实验，实验结束后，点击 ![icon] 按钮保存实验数据。

### 3. 差分脉冲溶出伏安法

（1）打开计算机的电源开关，打开 LK2005A 电化学工作站主机的电源开关。

（2）在方法分类中选择"脉冲技术"，再在实验方法中双击"差分脉冲溶出伏安法"，即弹出"参数设置"对话框，根据实验要求设置各参数。

（3）参数设置完成后按下"确定"键，即参数设定完成，返回主菜单。

点击 ![icon] 按钮开始实验，实验结束后，点击 ![icon] 按钮保存实验数据。

## 实验 18　循环伏安法研究乙酰氨基苯酚的氧化反应机理

### 一、实验目的

1. 熟悉循环伏安法的基本原理。
2. 用循环伏安法研究偶联化学反应的电子转移机理。

## 二、实验原理

大量的电化学反应涉及电子转移步骤,由此产生能够通过所谓的偶联化学反应迅速与介质组分发生反应的物质。循环伏安法的最大用途之一是可用于判断这些和电极表面反应偶联的均相化学反应。它能在正向扫描中产生某种物质,在反向扫描以及随后的循环扫描中检测其变化情况,这一切在几秒或更短时间之内可完成。此外,通过改变电位扫描速率,可以在几个数量级范围内调节实验时间量程,这样可以估计各种反应速率。乙酰氨基苯酚(APAP)氧化反应的机理如图3-10所示。

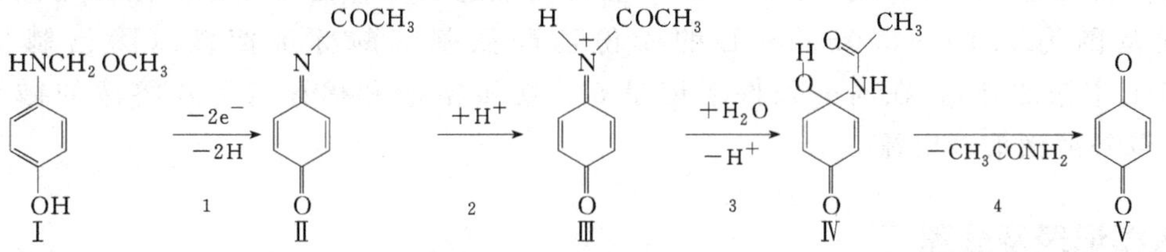

图 3-10 乙酰氨基苯酚(APAP)氧化反应的机理

乙酰氨基苯酚经一个两电子、两质子的电化学过程,氧化为 $N$-乙酰基对亚氨基苯醌(NAPQI),涉及 NAPQI 的随后化学反应是与 pH 值有关的,改变介质 pH 和循环伏安实验的扫描速率,可以安排涉及 NAPQI 的化学反应。在 pH≥6 时,NAPQI 以稳定的未质子化的形式(Ⅱ)出现,在较高酸性条件下,NAPQI 立即质子化(步骤2),生成一个较不稳定但具有电化学活性的物质(Ⅲ),Ⅲ迅速变成(步骤3)其水合物的形式(Ⅳ),Ⅳ在检测电位下电化学上是非活性的。水合 NAPQI(Ⅳ)最后转变成苯醌(步骤4),在很强的酸性介质中,用循环伏安法可以观察到苯醌的还原。

## 三、仪器与试剂

1. 仪器

LK2005A 微机电化学分析系统;玻碳电极;饱和甘汞电极;铂电极。

2. 试剂

0.5mol/L 的磷酸氢二钠-柠檬酸缓冲溶液(pH=2.2、500mL,pH=6.0、20mL);1.8mol/L 硫酸;0.05mol/L 高氯酸 200mL;0.070mol/L 乙酰氨基苯酚;含乙酰氨基苯酚的药片。

## 四、实验步骤

1. 工作电极预处理:将玻碳电极在麂皮上抛光成镜面(或在 6# 金相砂纸上轻轻擦拭光亮),再用超声波依次在 1:1 HNO$_3$、无水乙醇和蒸馏水中洗涤 1~2min,备用。
2. 配制在 pH=2.2 缓冲溶液中的 3mol/L 乙酰氨基苯酚溶液。
3. 打开仪器,连接好三电极。选择循环伏安法,按表 3-4 设置好仪器参数。

记录扫描速度分别为 40mV/s 和 250mV/s 时乙酰氨基苯酚溶液的伏安图和峰电位、峰电流。

表 3-4　循环伏安法实验参数

| 灵敏度 | 放大倍率 | 初始电位 | 开关电位 | 扫描速度 | 电位增量 | 循环次数 |
|---|---|---|---|---|---|---|
| 10μA/V | 1 | −0.200V | +1.000 V | 40mV/s | 1mV | 1 |

4. 使用下面两种溶液重复上面的第 3 步骤：缓冲溶液中 3mmol/L 乙酰氨基苯酚溶液和 $H_2SO_4$ 中 3mmol/L 乙酰氨基苯酚。

5. 在 25mL 容量瓶中加入准确称量的药片，以及一定量的 pH＝2.2 缓冲溶液，震荡至药片溶解，然后用 pH＝2.2 缓冲溶液稀释至刻度。用移液管和容量瓶将 5.00mL 的此溶液稀释至 50.00mL。用 pH＝2.2 缓冲溶液适当稀释乙酰氨基苯酚储备液，制备的浓度范围为 0.10～5.0mmol/L 的 4 份乙酰氨基苯酚标准溶液（除已制备好的 3mmol/L 溶液之外），在同一条件下记录 5 份标准溶液和稀释的药片溶液的循环伏安图，读取各溶液的峰电流。

## 五、数据记录及处理

1. 分别写出 3 种支持电解质所得的循环伏安图中每个峰处所发生的电极反应。
2. 以峰电流对乙酰氨基苯酚的浓度作图，绘制乙酰氨基苯酚标准溶液的标准曲线。
3. 确定稀释的药片溶液中乙酰氨基苯酚的浓度并计算药片中乙酰氨基苯酚的质量分数。将实验值和药瓶标签上的值相比较。
4. 数据记录表

（1）扫描速度对乙酰氨基苯酚氧化反应的影响

| 扫描速度 | 氧化峰电位 | 还原峰电位 | 氧化峰电流 | 还原峰电流 |
|---|---|---|---|---|
| 40mV/s | | | | |
| 250mV/s | | | | |

（2）不同酸度介质对乙酰氨基苯酚氧化反应的影响

| 酸度 | 氧化峰电位 | 还原峰电位 | 氧化峰电流 | 还原峰电流 |
|---|---|---|---|---|
| pH＝6 | | | | |
| pH＝2.2 | | | | |
| 1.8mol/L | | | | |

（3）标准溶液峰电流

| 浓度/(mol/L) | 0.10 | 0.50 | 1.0 | 3.0 | 5.0 |
|---|---|---|---|---|---|
| 峰电流 | | | | | |

## 六、思考题

1. 电生物质发生化学反应的电极机理被称为 EC 机理，EC 机理表示如下：

电极反应（E）：$O + ne^- \longrightarrow R$　　化学反应（C）：$R \longrightarrow$ 产物

画出下列情况的循环伏安图（假设电极反应是可逆的）：

（1）速率常数 $k$ 为零

(2) 速率常数 $k$ 很大，相对于扫描速率而言，化学反应瞬时发生。

(3) $K$ 为以上两种情况下的中间值。

2. 解释为什么上述的机理涉及的化学反应越快，需要的扫描速率越快。

3. 当扫描速率很快时（>100V/s），可能会遇到什么问题？

## 实验19　恒电位电解法制备金膜电极

### 一、实验目的

1. 掌握恒电位电解的原理。
2. 掌握金膜电极的制备方法和特点。

### 二、实验原理

由于 $AuCl_4^-/Au$ 的析出电位为 0.4V 左右，可将工作电极置于含氯金酸（$HAuCl_4$）的溶液中，控制电位在 0.4V，进行恒电位电解一定时间，则在工作电极上即可沉积一层金膜。电极反应为：$AuCl_4^- + 3e^- = Au + 4Cl^-$。电解的时间决定了金膜的厚度，电解的电流决定了金膜的致密层度，因此需对电解电流和电解时间进行优化，以得到电化学性能最优的金膜电极。

金膜电极的电化学性能可用循环伏安法（CV）在 $K_3Fe(CN)_6$ 体系中进行考察，若峰电位差越接近 64mV，氧化还原峰电流比值越接近于1，且峰电流值越大，则所制备的金膜电极性能越好。

### 三、仪器与试剂

1. 仪器

LK2005A 微机电化学分析系统；玻碳电极；饱和甘汞电极；铂电极。

2. 试剂

$Al_2O_3$ 粉末；氯化钾溶液（0.5mol/L）；铁氰化钾溶液（0.2mol/L）；浓硝酸与浓盐酸混酸（王水）；磷酸缓冲液（0.1mol/L）；实验用水为超纯水。

Au(Ⅲ) 溶液（9.6mmol/L）：称取 1.0000g 的 $HAuCl_4·4H_2O$，用王水溶解，水浴加热，冷却后移入 250mL 容量瓶中，用超纯水定容至刻度，摇匀，装入试剂瓶中在 0℃ 下密封保存备用。

镀金液：取 2mL 9.6mmol/L 的金母液（$AuCl_4^-$）溶于 17mL 0.1mol/L 的磷酸缓冲溶液（PBS）配制而成。

### 四、实验步骤

1. 工作电极预处理：将玻碳电极在麂皮上抛光成镜面（或在 6# 金相砂纸上轻轻擦拭光亮），再用超声波依次在 1∶1 $HNO_3$、无水乙醇和蒸馏水中洗涤 1~2min，备用。

2. 打开仪器，连接好三电极。选择循环伏安法，按表 3-5 设置好仪器参数。

表 3-5　循环伏安法实验参数

| 灵敏度 | 滤波参数 | 初始电位 | 开关电位 | 扫描速度 | 循环次数 |
|---|---|---|---|---|---|
| 10μA/V | 10Hz | +0.600V | −0.200V | 200mV/s | 5 |

3. 记录该方法循环伏安图，存盘。根据所得到的循环伏安图中的峰电位差及峰电流比值判断玻碳电极表面是否达到要求。峰电位差在 80mV 以下，并尽可能接近 64mV，电极方可使用，否则要重新处理电极，直到符合要求。最后，将刚预处理过的玻碳电极用超纯水洗净，并用滤纸吸干电极表面的水备用。

4. 将处理好的玻碳电极及甘汞电极和铂电极置于镀金液中，选择"恒电位技术"中的电位溶出 $E$-$t$ 曲线，按表 3-6 设置参数，并对玻碳电极进行镀金。

表 3-6　电位溶出 $E$-$t$ 曲线参数

| 灵敏度 | 滤波参数 | 初始电位 | 电沉积电位 | 电沉积时间 | 平衡时间 |
|---|---|---|---|---|---|
| 10μA/V | 10Hz | +0.300V | +0.450V | 60s | 10s |

5. 镀好的金电极用高纯水清洗干净后，置于 $K_3Fe(CN)_6$ 体系中，按表 3-5 设置参数，考察并记录氧化还原峰电位及峰电流。

6. 改变时间分别为 1min、3min、5min、7min，重复 4、5 步骤。

7. 选出金膜电极制备最佳的电解时间。

## 五、数据记录及处理

1. 电解时间对金膜电极循环伏安特性的影响

| 时间/min | $E_a$ | $i_{pa}$ | $E_c$ | $i_{pc}$ | $E_a - E_c$ | $i_{pa}/i_{pc}$ |
|---|---|---|---|---|---|---|
| 1 | | | | | | |
| 3 | | | | | | |
| 5 | | | | | | |
| 7 | | | | | | |

2. 选出金膜电极制备最佳的电解时间。

## 六、注意事项

金膜与玻碳电极的结合力较小，较容易划伤，因此在清洗金膜电极时应小心，需用滤纸吸干电极表面，而不能擦干。

## 七、思考题

1. 为什么随着电解时间的增长，金膜电极在 $K_3Fe(CN)_6$ 体系中的峰电流先增大后减小？

2. 恒电位电解的电流大小会对金膜电极的哪些性质产生影响？

# 实验 20 金膜电极差分脉冲阳极溶出伏安法测定水样中砷（Ⅲ）

## 一、实验目的

1. 掌握差分脉冲溶出伏安法的基本原理。
2. 掌握差分脉冲溶出伏安法测定砷的方法。

## 二、实验原理

在水中无机砷的主要形式是砷五价离子[As(Ⅴ), $H_2AsO_4^-$ 或 $HAsO_4^{2-}$]和砷三价离子[As(Ⅲ)和 $H_3AsO_3$]，其中三价砷是污染水体与危害人类健康的重要重金属污染物之一，及时掌握和控制污水和环境水体中三价砷的含量，对工业废水和生活污水的防治及人类健康都具有极其重要的意义。

采用差分脉冲溶出伏安法进行砷离子的测定，该方法操作简单且耗时较短，主要分为两步，第一步为"预电解"：即施加一个较负的电位使金属发生还原反应而沉积，用控制电位电解法将被测离子富集在工作电极，为了提高富集效果，可充分搅拌溶液。富集后，停止搅拌，静置30s，使沉积物在电极上均匀分布。第二步为"溶出"：即在工作电极上施加一个较正的电位，由负极向正极扫描，金属发生氧化反应重新变为金属离子；从而在这个过程中得到一个灵敏的溶出伏安峰。

富集：$As^{3+} + 3e^- \longrightarrow As^0$

溶出：$As^0 \longrightarrow As^{3+} + 3e^-$

金比较合适作电极材料，由于它的高氢过电压，在处理含砷试样时能够解决氢气的问题，具有操作简便、灵敏度高、无毒、金膜易除去、不会造成环境污染等方面的优点，但价格昂贵。能够在食物药品、环境监测等领域得到应用，所测定的金属主要有锌、铅、镉、砷、铜、锑等。

## 三、仪器与试剂

1. 仪器

LK2005A 微机电化学分析系统；金膜电极；饱和甘汞电极；铂电极，10mL 比色管。

2. 试剂

$As^{3+}$ 标准储备液（1μg/mL），使用时用水逐级稀释至所需浓度。乙酸-乙酸钠缓冲溶液（0.1mol/L pH=4.5）；2mg/L 亚硫酸钠溶液。

## 四、实验步骤

1. $As^{3+}$ 标准溶液的配制：分别移取 0.1mL、0.4mL、0.8mL、1.2mL、1.6mL、2.0mL 1μg/mL 的 $As^{3+}$ 标准储备液于 10mL 比色管中，加入 4.5mL 的 0.1mol/L 的乙酸-乙酸钠缓冲溶液和 200μL 的 2mg/L 的亚硫酸钠溶液，用去离子水定容至刻度，摇匀。配成浓度分别为 10μg/L、40μg/L、80μg/L、120μg/L、160μg/L、200μg/L 的 $As^{3+}$ 标准溶液。

2. 将上述 $As^{3+}$ 标准溶液按浓度从低到高的顺序依次倒入电解杯中，插入三电极系统即镀金膜电极为工作电极、饱和甘汞电极为参比电极、铂电极为辅助电极，采用差分脉冲溶出伏安法测定，记录 $As^{3+}$ 的溶出峰电流及有关数据。设置参数见表3-7。

表 3-7 差分脉冲溶出伏安法测 As 条件

| 参数 | 数值 | 参数 | 数值 |
| --- | --- | --- | --- |
| 灵敏度/$\mu A$ | 10 | 电位增量/V | 0.01000 |
| 滤波参数/Hz | 10 | 脉冲幅度/V | 0.05000 |
| 放大倍数 | 1 | 脉冲宽度/s | 0.50000 |
| 初始电位/V | −0.15000 | 脉间间隔/s | 0.50000 |
| 电沉积电位/V | −0.50000 | 电沉积时间/s | 180 |
| 终止电位/V | 0.30000 | 平衡时间/s | 30 |
| 清洗电位/V | 0.30000 | 清洗时间/s | 40 |

3. 移取待测液 1mL，于 10mL 比色管中，加入 4.5mL 的 0.1mol/L 的乙酸-乙酸钠缓冲溶液和 200μL 的 2mg/L 的亚硫酸钠溶液，用去离子水定容至刻度，摇匀，配成未知液。在上述条件下测定未知液的峰电流。

4. 根据标准溶液的浓度和峰电流制作标准曲线。并根据未知液峰电流确定未知液浓度。

## 五、数据记录及处理

1. 各标准溶液中 $As^{3+}$ 的溶出峰电流记录表

| 浓度/(μg/L) | 10 | 40 | 80 | 120 | 160 | 200 |
| --- | --- | --- | --- | --- | --- | --- |
| 峰位置/V | | | | | | |
| 液峰电流/μA | | | | | | |
| 未知液峰电流/μA | | | | | | |

2. 制作 $As^{3+}$ 浓度-峰电流标准曲线，在曲线上确定未知液浓度，并根据未知液浓度计算待测液浓度。

## 六、思考题

1. 溶出伏安法有哪些特点？哪几步实验应该严格控制？
2. 为了获得重现性好的测定结果，实验中哪些方面应注意？

# 实验 21　植物油中生育酚的伏安行为及其含量测定

## 一、实验目的

1. 了解生育酚（维生素 E）的生化性质及电化学性质。
2. 掌握用伏安分析法测定生化物质维生素 E 的方法。
3. 掌握外标法进行定量分析的方法及特点。

## 二、实验原理

生育酚即维生素 E，作为一种天然的、有效的、无毒的抗衰老酚类抗氧化剂，广泛应用于食品业、医药业和化妆品业。维生素 E 在对人类治疗心血管疾病、癌症、白内障和年龄有关的问题中都发挥着重要作用。

分析维生素 E 检测方法主要有分光光度法、液相色谱法、荧光法、脉冲电极法、示波极谱法、示波滴定法、近红外光谱法、气相色谱法等。由于电化学方法具有较高的灵敏性、选择性和准确性，且它的作用机制有时和生物组织的物质代谢过程相似。因此，在分析有机化合物物方面也是非常实用并受到广泛关注。

维生素 E 是一组结构相似的含有一个环和类异戊二烯，侧链上没有双键的化合物的统称。根据酚环上的甲基位置关系，可以将其分为 $\alpha$-生育酚，$\beta$-生育酚，$\gamma$-生育酚，$\delta$-生育酚。植物油和其他食物中的维生素 E 含量不仅表示在它们的营养价值，也包括它们的氧化稳定性和耐久性。因此，植物油中维生素 E 的分析是具有重要意义的。

维生素 E 分子中的酚羟基能与氧气反应，由于维生素 E 各异构体和同系物都为自 6-羟基氧杂萘满结构，主要发生的氧化反应为各种自由基连锁反应使得生成生育酚游离基，以及部分转化为醌结构，因此氧化电位也相同，因此可以用 $\alpha$-生育酚代表其他各异构体。即分析样品中的 $\alpha$-生育酚含量可得总维生素 E 含量。

维生素 E 的化学结构式见图 3-11。

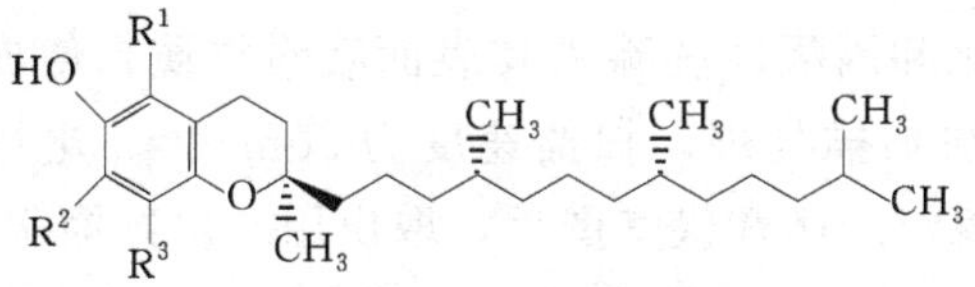

图 3-11 维生素 E 的化学结构式

(1) $\alpha$-生育酚：$R^1 = R^2 = R^3 = CH_3$；
(2) $\beta$-生育酚：$R^1 = R^3 = CH_3$，$R^2 = H$；
(3) $\gamma$-生育酚：$R^2 = R^3 = CH_3$，$R^1 = H$；
(4) $\delta$-生育酚：$R^1 = R^2 = H$，$R^3 = CH_3$。

本实验采用循环伏安法测定生育酚的电化学行为，并用差分脉冲伏安法快速并高灵敏测定小麦胚芽油中的 $\alpha$-生育酚。

## 三、仪器与试剂

1. 仪器

LK2005A 型电化学工作站，三电极系统（包括对电极铂丝电极，工作电极 GC3012-$\phi$3.5mm，参比电极 Ag/AgCl 电极），自制的电化学池。25mL 的容量瓶；2mL 吸量管。

2. 试剂

植物油，$\alpha$-生育酚标准品（纯度 96%，$M$=430.71，购自 Aladdin），乙醇，硫酸，1,2-二氯乙烷，高氯酸锂。

$\alpha$-生育酚储备液（$1.0 \times 10^{-2}$ mol/L）：准确称取 0.4348g $\alpha$-生育酚标准品加入到 100mL

的容量瓶中，用无水乙醇溶解稀释到刻度，避光储存备用。

硫酸乙醇溶液（0.1mol/L）：取浓硫酸1.36mL，逐滴加入100mL无水乙醇中，用无水乙醇定容至250mL。

高氯酸锂乙醇溶液（1.0mol/L）：称取10.639g高氯酸锂，溶于50mL无水乙醇中，用无水乙醇定容至100mL。

## 四、实验步骤

1. 配制α-生育酚的乙醇标准溶液。在5个25mL的容量瓶中依次加入0mL、0.1mL、0.25mL、0.5mL、0.75mL、1.0mL α-生育酚液储备液，然后在每个容量瓶中各加入0.5mL 0.1mol/L的硫酸乙醇溶液、1.0mL 1.0mol/L的高氯酸锂乙醇溶液和5mL 1,2-二氯乙烷，最后用乙醇稀释至刻度。混合均匀后用$N_2$纯化5min。配制好的α-生育酚的乙醇标准溶液浓度分别为0μmol/L、40μmol/L、100μmol/L、200μmol/L、300μmol/L、400μmol/L。其中α-生育酚浓度为0的标准溶液即为空白溶液。

2. 植物油样品溶液配制：取0.5g的植物油样品置于25mL容量瓶中，加入0.40mL 0.1mol/L的硫酸乙醇溶液、1.0mL 1.0mol/L的高氯酸锂乙醇溶液和5mL 1,2-二氯乙烷，然后用乙醇稀释到刻度。混合均匀后用$N_2$纯化5min。

3. 玻碳电极的处理

玻碳电极依次用1.0μm、0.3μm、0.05μm的$Al_2O_3$粉抛光，用超纯水润湿，接着进行超声清洗处理，再用超纯水和丙酮冲洗除去其表面吸附物质，使成镜面，然后在0.2mol/L的硫酸溶液中用循环伏安法扫描处理，扫描速度为50mV/s，电压范围为-0.5~+1.5V，持续扫描约10min，得到稳定的循环伏安图后，取出用二次蒸馏水洗净，干燥后备用。

4. 打开仪器，连接好三电极。选择循环伏安法，按表3-8设置好仪器参数。

表3-8 循环伏安法参数

| 灵敏度 | 滤波参数 | 初始电位 | 开关电位 | 扫描速度 | 循环次数 |
| --- | --- | --- | --- | --- | --- |
| 10μA/V | 10Hz | 0.200V | 0.800V | 50mV/s | 2 |

5. 将200μmol/L α-生育酚的乙醇标准溶液加入电解池中，记录该方法循环伏安图，存盘。记录所得到的循环伏安图中的峰电位。

6. 选择差分脉冲伏安法，按表3-9设置好仪器参数。将空白样和α-生育酚标准溶液样品依次加入电解池中，分别进行三次测定，记录α-生育酚峰电位处测量的峰电流，取其测量的峰电流平均值。制作α-生育酚标准溶液浓度和峰电流的关系曲线。

表3-9 差分脉冲伏安法试验条件

| 参数 | 数值 | 参数 | 数值 |
| --- | --- | --- | --- |
| 灵敏度/μA | 10 | 电位增量/V | 0.0100 |
| 滤波参数/Hz | 10 | 脉冲幅度/V | 0.0500 |
| 放大倍数 | 1 | 脉冲宽度/s | 0.1000 |
| 初始电位/V | 0.100 | 脉冲间隔/s | 0.5000 |
| 终止电位/V | 0.800 | | |

7. 将植物油样品溶液加入电解池中，按步骤5中的方法测定生育酚的峰电流。

## 五、数据记录及处理

1. $\alpha$-生育酚的峰电位为：_____V。
2. $\alpha$-生育酚标准溶液峰电流：

| 浓度/($\mu$mol/L) | 0 | 40 | 100 | 200 | 300 | 400 |
|---|---|---|---|---|---|---|
| $Ip_1/\mu A$ | | | | | | |
| $Ip_2/\mu A$ | | | | | | |
| $Ip_3/\mu A$ | | | | | | |
| $Ip_{平均}/\mu A$ | | | | | | |

根据$\alpha$-生育酚标准溶液浓度和峰电流制作标准曲线。

3. 植物油样品溶液$\alpha$-生育酚峰电流：_____$\mu$A。

从标准曲线中找出加入电解池中$\alpha$-生育酚的浓度。并计算出植物油中$\alpha$-生育酚的含量（mg/100g）。

## 六、思考题

1. 为什么不同的生育酚有相同的氧化还原性质？
2. 实验中高氯酸锂起到什么作用？

## 参考文献

[1] 杭州师范大学材化学院分析化学教研室. 仪器分析实验讲义[M]. 杭州：2014.
[2] HH-5型化学耗氧量测定仪说明书，姜堰市银河仪器厂.
[3] 陈培榕，李景虹，邓勃. 现代仪器分析实验与技术[M]. 第2版. 北京：清华大学出版社，2006：167-169.
[4] 张晓丽，江崇球，吴波. 仪器分析实验[M]. 北京：化学工业出版社，2006：95-117.
[5] 李书国，陈辉，李雪梅，薛文通，张惠. 电化学分析法测定植物油中VE[J]. 食品科学，2008，29：369-373.

# 第四章 色谱分析实验

## 实验22 气相色谱分离系统的评价及定性法定量分析

### 一、实验目的

1. 熟悉气相色谱仪操作方法,掌握微量进样技术。
2. 熟悉用色谱柱理论板数及分离度、相对保留值来描述色谱分离的好坏。
3. 掌握用气相色谱保留值进行定性分析的方法。
4. 掌握校正因子的测定方法及用归一化法进行定量分析的方法及特点。

### 二、实验原理

评价色谱柱的性能参数主要有以下几个。

柱效(理论塔板数)$n$,见式(4-1)。

$$n = 5.54(t_R/W_{1/2})^2 \tag{4-1}$$

式中,$t_R$ 为测试物的保留时间;$W_{1/2}$ 为色谱峰的半峰宽。

容量因子 $k'$,见式(4-2)。

$$k' = (t_R - t_m)/t_m \tag{4-2}$$

式中,$t_m$ 为死时间,通常用已知在色谱柱上不保留的物质的出峰时间作死时间。

相对保留值(选择因子)$\alpha$,见式(4-3)。

$$\alpha = k_2'/k_1' \tag{4-3}$$

式中,$k_1'$ 和 $k_2'$ 分别为相邻两峰的容量因子,而且规定峰1的保留时间小于峰2的。

分离度 $R_s$,见式(4-4)。

$$R_s = 2(t_{R_2} - t_{R_1})/(W_{b_1} + W_{b_2}) \tag{4-4}$$

式中,$t_{R_1}$、$t_{R_2}$ 分别为相邻两峰的保留时间;$W_{b_1}$、$W_{b_2}$ 分别为两峰的底宽。对于高斯峰来讲,$W_b = 1.70 W_{1/2}$。

为达到好的分离,我们希望 $n$、$\alpha$ 和 $R_s$ 值尽可能大。一般的分离(如 $\alpha = 1.2$,$R_s = 1.5$),需 $n$ 达到 2000。

本实验以丙酮和环己烷为标样,根据环己烷的保留时间和色谱峰的面积,通过柱理论塔板公式的计算,即可求出该柱的理论塔板数。根据丙酮和环己烷色谱峰的保留时间、半峰宽,计算色谱柱参数 $n$、$k'$,以及相邻两峰的 $\alpha$、$R_s$ 的。

在一定的色谱条件（固定相和操作条件）下，物质均有各自确定不变的保留值。因此，可利用保留值的大小进行定性分析。对于较简单的多组分混合物，若其色谱峰均能分开，则可将各个峰的保留值，与各相应的标准样品在同一条件下所测的保留值一一进行对照，确定各色谱峰所代表的物质。这是最常用、最简便可靠的色谱定性分析方法。在气相色谱法中，定量测定是建立在检测信号（色谱峰的面积）的大小与进入检测器组分的量（重量、体积或物质的量等）成正比的基础上，其表达式为式(4-5)：

$$m_i = f_i A_i \tag{4-5}$$

式中，$m_i$ 为被测组分 $i$ 的质量；$A_i$ 为 $i$ 组分的峰面积；$f_i$ 为被测组分 $i$ 的绝对质量校正因子。

在实际应用时，要精确测定 $f_i$ 往往是比较困难的。这一方面是由于绝对进样量很难精确测定，另一方面峰面积与色谱条件有关。为此，可选一标准组分 s 的校正因子 $f_s$ 为相对标准，引入相对校正因子 $f_i'$ 表达式为式(4-6)：

$$f_i'(\text{峰面积校正因子}) = f_i / f_s = m_i A_s / m_s A_i \tag{4-6}$$

本实验中先精确配制环己烷、丙酮、甲苯混合物标样，进样后测得各组分的峰面积 $A_i$，以环己烷为标准，即能按上式求出 $f'_{\text{丙酮}}$ 和 $f'_{\text{甲苯}}$（$f'_{\text{环己烷}}=1$）。

然后，绘制未知试样色谱图，测得各组分 $t_R$ 后和标样中各组分 $t_R$ 对照，即可定性，测出各组分峰面积 $A_i$ 后，用归一化法求出各组分百分含量，见式(4-7)：

$$P_i = \frac{f_i' A_i}{f_1' A_1 + f_2' A_2 + f_3' A_3} \times 100\% \tag{4-7}$$

归一化法的优点是简便、定量结果与进样量无关，操作条件变化对结果影响较少。但样品的全部组分必须流出，并可测出其信号，对某些不需要测定的组分，也必须测出其信号和校正因子，这是本方法的缺点。

### 三、仪器与试剂

1. 仪器

气相色谱参数见表 4-1。

表 4-1　气相色谱参数

| 仪器型号 | 生产厂 | 检测器 | 固定相 | 色谱柱 | 仪器类型 |
| --- | --- | --- | --- | --- | --- |
| SP-6800A | 山东鲁南瑞虹化工仪器有限公司 | 热导池(TCD) | 5.7%DNP | 2m×φ3mm | 双柱双气路 |

实验条件：

(1) 在色谱柱中装有涂有 DNP (15%～5%) 的载体，其颗粒大小为 60～80 目，在装填中必须密度均匀不得有空隙存在（载体系上海试剂厂产品 102 型白色载体）。

(2) 载气：$H_2$。

2. 试剂

丙酮、环己烷、甲苯（分析纯）。

## 四、实验步骤

1. 将载气压力调至 0.25MPa，流量调节到 20mL/min 左右。
2. 打开仪器电源开关，选择桥流及衰减。
3. 在仪器键盘上设定温度，使炉温控制在 80~100℃ 之间，汽化室温度在 120~150℃ 之间，检测器温度控制在 80~100℃ 之间。按"加热键"。
4. 待恒温灯亮后，表明温度已升至设定温度，且已恒温。
5. 用 5μL 进样器取空气样品 2μL，在注入汽化器的同时开始采集数据，等数分钟，色谱工作站中即可显示出空气样品的色谱图，记录空气的保留时间。
6. 用 5μL 进样器分别取丙酮、环己烷、甲苯各 1μL，依次进样，分别记录丙酮、环己烷、甲苯的色谱图，记录它们的保留时间。
7. 准确称取刻度小试管质量，取丙酮、环己烷、甲苯各约 0.2mL 于刻度小试管中，并准确称出各组分质量（甲苯可略多称一些）。混匀后进样 3μL，测出各组分的保留时间。取未知试样 2.0μL 进样，测出各组分保留时间。

## 五、数据记录及处理

1. 记录色谱仪仪器及操作条件，包括：仪器型号、检测器、桥电流、衰减、固定液、柱长及内径、柱温、汽化温度、进样量等。
2. 比较单个标样和混合标样及未知样各组分 $t_R$，确定标样出峰顺序及未知样组成。
3. 记录混合标样中丙酮和环己烷的 $t_R$ 和峰底宽，根据公式分别计算两者的 $n$、$k'$、$\alpha$ 和 $R_s$。
4. 记录标样色谱图中各组分峰的峰面积，以环己烷为基准，计算 $f'_{甲苯}$ 和 $f'_{丙酮}$。
5. 记录试样色谱图中各组分峰的峰面积，用归一化法定量。

## 六、思考题

1. 气相色谱仪由哪几部分组成？
2. 气相色谱仪的开机顺序是什么？关机顺序是什么？为什么？
3. 热导池检测器采用什么载气灵敏度较高？
4. 为什么要用相对校正因子进行计算？

# 附录1 气相色谱法简介

气相色谱法是一种特殊的分离方法，它是将气态（或液体蒸气）的混合物试样通过一个被称为"色谱柱"的分离系统，由于各组分在色谱柱中的滞留时间不同，混合物中的各种组分就分离开，先后流出色谱柱。流出的组分进入检测器，被变为电信号输给记录器，记录器以色谱峰的形式记录下来。

如果操作条件固定不变，那么组分在色谱中的滞留时间就固定不变。所以利用滞留时间可以对组分进行定性。进入检测器的组分的量越大，检测器给出的电信号就越大，记录器记录出的色谱峰的面积就越大，因此可以根据峰面积的大小来对组分进行定量。

为了让气态混合物试样通过色谱柱,需要一种不与样品作用的气体来携带。这种用来携带气态试样的气体称为"载气",它储于高压钢瓶中,使用热导池检测器常用氢气作载气,使用氢焰离子化检测器常用氮气作载气。

液体试样需预先汽化,因此色谱柱前的进样口可以升温,色谱柱和检测器亦装在恒温箱中,以防被汽化的液体冷凝。

## 一、气相色谱仪

SP-6800A 气相色谱仪是一种双柱双气路的气相色谱仪,具有热导池(TCD)和氢火焰离子化(FID)两种检测器。色谱柱有填充柱和毛细管柱,可以进行恒温及程序升温操作。

### 1. 安装色谱柱

用 5% NaOH 洗涤柱子,再水洗至中性,烘干后备用。柱口一端用玻璃纤维堵住,接上真空泵抽气,另一端装上装样漏斗,将制备好的固定相通过漏斗装入色谱柱,边装边用木块轻击色谱柱,使固定相装匀装实。固定相装满柱子后,再将这端柱口堵上玻璃纤维,接到汽化器出口。通载气,升温,老化色谱柱 12h 以上(注:色谱柱"老化"的目的是除去固定相中残留的溶剂和易挥发的杂质,并使液膜均匀)。再把柱子另一端和检测器相连接。安装时,应将垫片放好,要求管柱垂直于接头,不应漏气。

### 2. 通载气

首先检查气路的密封性,接上载气,堵死仪器的出口处,要求 $2\text{kgf/cm}^2$ 压力时,30min 压降不超过 $0.1\text{kgf/cm}^2$($1\text{kgf/cm}^2=10^5\text{Pa}$)。如果达不到这种要求,可用肥皂水涂抹各接头处检查漏气的地方。检查好气密性后,调节各阀门使柱前压和流量到所需值。

在调节载气流速时,严防突然改变气流速度,以免冲断检测器的钨丝,用氢气作载气时,一定要将仪器出口排出的氢气导至室外,以免发生爆炸事故。

### 3. 升温和恒温

打开仪器电源,顺次设定汽化室、色谱柱恒温箱和检测器的开关。达到所需温度,恒温指示灯亮表明已达恒温。

### 4. 加桥流

注意必须通有载气才可以加桥流,以防钨丝被烧断。

### 5. 调整池平衡

打开记录器的"记录"开关,待基线稳定,可进样测定。

## 二、取样

液体一般采用微量注射器取样,常用的微量注射器有 $0.1\mu L$、$0.5\mu L$、$1\mu L$、$10\mu L$、$50\mu L$、$100\mu L$ 等规格。微量注射器很精密,使用时务须按操作要求小心使用。尤其注意不要将注射器的芯子全部拉出外套,若不慎拉出,在了解微量注射器结构之前,不要自己动手推进,否则会损坏注射器,此时应报告教师设法修理。取样方法如下所述。

(1) 轻摇样品瓶,取干净的注射器把拴杆推到针管的底部,抽取试样,将试样推到滤纸上,如此重复 2~3 次,以清洗针管。

(2) 将针头伸到液层的中部(注意不要使针头露出液面),反复推拉针杆,排除针管和针头中的空气,抽取试样至所需刻度。

(3) 取出针头,这时液体中应无气泡或泡沫存在。用滤纸轻触针头,以擦去针头上多余液体。

(4) 右手持针管,左手协助。迅速把针头垂直刺进汽化室的进样口中。深度约为5cm,同时向里迅速推栓钮。推到头后,立刻拔出针头,以免针头中的液体挥发,造成畸峰。

注意推栓时既迅速也要小心,推的方向要正,否则容易把栓杆弄弯或折断。

## 附录2 气相色谱实验条件记录及数据处理

### 一、仪器及操作条件

仪器号码:_____;型号:_____;检测器:_____。
固定相:_____;柱长:_____;内径:_____。

| 桥电流/mA | 衰减 K | 柱温/℃ | 汽化温度/℃ | 检测器温度/℃ | 载气 |
|---|---|---|---|---|---|
|  |  |  |  |  |  |

### 二、热导池灵敏度和柱理论塔板数的测定

| 峰 | 空气 | 丙酮 | 环己烷 | 甲苯 |
|---|---|---|---|---|
| $t_R$/min |  |  |  |  |
| $W_{1/2}$/min |  |  |  |  |
| A |  |  |  |  |

1. 柱理论塔板数与分离度 $R_s$ 的测定

$$n = 5.54 \times (t_R/W_{1/2})^2 = 16 \times (t_R/W_b)^2 =$$

$$R_s = \frac{2(t_{R_2} - t_{R_1})}{W_{b_1} + W_{b_2}} = \frac{2.354(t_{R_2} - t_{R_1})}{2(W_{\frac{1}{2}b_1} + W_{\frac{1}{2}b_2})} =$$

2. $k'$、$\alpha$ 的计算

### 三、定性定量分析

| 项目 | 组分 | 配比(w)/g | $t_R$/min | A | h/mV | $f'_i$ |
|---|---|---|---|---|---|---|
| 标样 | 丙酮 |  |  |  |  |  |
|  | 环己烷 |  |  |  |  | 1 |
|  | 甲苯 |  |  |  |  |  |
| 试样号码 # |  |  |  |  |  |  |

计算公式:

$f'_{i丙酮,环己烷}=$

$f'_{i甲苯,环己烷}=$

含量: $P_1/\%=$

含量: $P_2/\%=$

## 实验 23  气相色谱法测定乙醇中微量水

### 一、实验目的

1. 熟悉气相色谱仪及各组成部分的用途。
2. 掌握用标准曲线法测定样品含量的方法。

### 二、实验原理

乙醇与水互溶，不同含水量的乙醇作用不同，标准曲线法也称为外标法或直接比较法，是一种简便、快速的绝对定量方法（归一化法则是相对定量方法）。用标准样品配制不同浓度的系列标准溶液，在与预测组分相同的色谱条件下，等体积准确进样，测量每次进样标准物的峰面积或峰高，用峰面积或峰高对标准物有效浓度绘制工作曲线（标准曲线），标准曲线的斜率即为绝对校正因子。在相同色谱条件下等体积进样品溶液，由其峰面积或峰高在标准曲线上找出对应的样品溶液组分的浓度。

### 三、仪器与试剂

1. 仪器

气相色谱参数见表 4-2。

表 4-2  气相色谱参数

| 仪器型号 | 生产厂 | 检测器 | 固定相 | 色谱柱 | 仪器类型 |
| --- | --- | --- | --- | --- | --- |
| SP-6800A | 山东鲁南瑞虹化工仪器有限公司 | 热导池（TCD） | 5.7%DNP | 2m×φ3mm | 双柱双气路 |

2. 试剂

蒸馏水，无水乙醇，普通乙醇样品。

### 四、实验步骤

1. 开启色谱仪和色谱工作站。
2. 设定色谱条件。柱温：140℃；进样室温度：160℃；检测器温度：140℃；载气流速：20mL/min；检测器灵敏度：高；衰减：1；进样量 2μL。
3. 标准系列的配制：按表 4-3 要求称取一定量的纯水，用无水乙醇稀释为不同的浓度。

表 4-3  标准样品的配制

| 标准样品号 | 1 | 2 | 3 | 4 | 5 |
| --- | --- | --- | --- | --- | --- |
| 浓度/(mg/mL) | 5.0 | 10.0 | 15.0 | 20.0 | 25.0 |

4. 基线稳定后，依次注射标准样品和样品。由计算机读出相应组分的 $A_i$ 或 $h_i$。
5. 测定完毕后依次关闭热导池电流开关、主机开关。冷却 30min 后关载气。

## 五、数据记录及处理

1. 根据标样浓度与相应的峰面积绘制标准曲线。
2. 根据试样中水的峰面积在标准曲线中查出乙醇样品中水的浓度（mg/mL）。

## 六、思考题

1. 该实验能否采用氢焰离子化检测器？
2. 标准曲线法定量需要满足的条件是什么？

## 附录　气相色谱实验条件记录及数据处理

### 一、仪器及操作条件

仪器号码：_____；型号：_____；检测器：_____。
固定相：_____；柱长：_____；内径：_____。

| 衰减 K | 柱温/℃ | 汽化温度/℃ | 检测器温度/℃ | 载气 |
|---|---|---|---|---|
|  |  |  |  |  |

### 二、乙醇和水的保留时间测定

| 峰 | 乙醇 | H₂O |
|---|---|---|
| $t_R$/min |  |  |

### 三、标准样品中水组分的峰面积

| 标准样品号 | 1 | 2 | 3 | 4 | 5 |
|---|---|---|---|---|---|
| 浓度/(mg/mL) | 5.0 | 10.0 | 15.0 | 20.0 | 25.0 |
| 峰面积 |  |  |  |  |  |

# 实验 24　室内空气中苯、甲苯、对二甲苯的测定

## 一、实验目的

1. 了解色谱定量分析的原理，学习外标法进行定量的方法。
2. 学习空气中苯、甲苯、对二甲苯的测定技术。

## 二、实验原理

挥发性有机化合物（volatile organic compounds，VOCs）是指沸点在 50~260℃之间、室温下饱和蒸气压超过 1mmHg 易挥发性化合物，是室内外空气中普遍存在且组成复杂的一

类有机污染物。它主要来自有机化工原料的加工和使用过程，木材、烟草等有机物的不完全燃烧过程，汽车尾气的排放。此外，植物在光合作用过程中排放出大量VOCs。

活性炭对有机物具有较强的吸附能力，而二硫化碳能将其有效的洗脱下来。本实验将空气中苯、甲苯、乙苯、二甲苯等挥发性有机化合物吸附在活性炭采样管上，用二硫化碳洗脱后，经相色谱火焰离子化检测器测定，以保留时间定性，峰面积外标法（标准曲线法）定量。

## 三、仪器及试剂

1. 仪器

（1）空气采样器：流量范围 0.0～1.0L/min。使用时用皂膜流量计校准采样前和采样后的流量。流量误差应小于 5%。

（2）微量注射器：1μL；10μL。

（3）气相色谱仪：氢火焰离子检测器（FID）；色谱柱：长 2m，内径 3mm，内填充聚乙二醇 6000-6201 载体（5∶100）固定相。

（4）5mL 容量瓶；0.6mL 样品瓶。

2. 试剂

（1）苯、甲苯、对二甲苯（均为色谱纯）；二硫化碳（分析纯，须经纯化处理）。

（2）椰子壳活性炭：20～40目。

（3）苯系物标准储备液：含有 10μg/mL 的苯、甲苯、对二甲苯的二硫化碳溶液。

## 四、实验步骤

1. 采样

在采样点打开活性炭管，两端孔径至少 2mm，用乳胶管连接采样管 B 端与空气采样器的进气口。A 端垂直向上，处于采样位置。以 0.5L/min 流量，采样 100～400min。采样后，用乳胶管将采样管两端套封，样品放置不能超过 5d。

2. 色谱分析条件

柱温：90℃；检测室温度：150℃；汽化室温度：150℃。

载气（氮气流量：0.2MPa，燃气（氢气）流量：0.05MPa，助燃气（空气）流量：0.1MPa。进样量 1.0μL。测定标样的保留时间及峰高（或峰面积）。

3. 标准曲线的绘制

（1）分别取苯系物标准储备液 0mL、0.2mL、0.4mL、0.6mL、0.8mL、1.0mL 于 5mL 容量瓶中，用二硫化碳稀释至刻度，密封并摇匀，配成苯系物浓度分别为 0μg/mL、0.4μg/mL、0.8μg/mL、1.2μg/mL、1.6μg/mL、2.0μg/mL 的系列标准溶液。

（2）待仪器稳定后，分别吸取 1.0μL 空白样，0.2μL 苯、0.2μL 甲苯、0.2μL 对二甲苯，注入汽化室，采集色谱数据，记录各物质的保留时间。

（3）分别吸取 1.0μL 各浓度的标准样品注入汽化室，记录色谱图，采集色谱数据，记录苯系物各组分的保留时间和峰面积等信息。

（4）根据不同浓度标准样中各组分的峰面积分别制作苯、甲苯、对二甲苯的 $A$-$c$ 标准曲线。

### 4. 样品的测定

将采样管活性炭移入 5mL 容量瓶中,加入纯化过的二硫化碳 2.00mL,密封振荡 2min,为样品解吸液。放置 20min 后,吸取 1.0μL 解吸液注入色谱仪,记录各组分的保留时间和峰面积,以保留时间定性。以峰面积根据标准曲线确定解吸液中苯系物各组分的浓度。

## 五、数据记录及处理

气体样品中苯系物的浓度,按照公式(4-8)进行计算。

$$\rho = \frac{(w - w_0) \times V}{V_{nd}} \tag{4-8}$$

式中  $\rho$ ——气体中被测组分浓度,$mg/m^3$;
  $w$——由标准曲线计算的样品解吸液的浓度,$\mu g/mL$;
  $w_0$——由标准曲线计算的空白解吸液的浓度,$\mu g/mL$;
  $V$——解吸液体积,mL;
  $V_{nd}$——标准状态下(101.325kPa,0℃)的采样体积,L。

## 六、思考题

1. 比较氢火焰检测器与热导池检测器的灵敏度。
2. 若几个组分不能有效分离,应如何调整色谱条件?

# 附录  气相色谱实验条件记录及数据处理

## 一、仪器及操作条件

仪器号码:_____;型号:_____;检测器:_____。
固定相:_____;柱长:_____;内径:_____。

| 柱温/℃ | 汽化温度/℃ | 检测器温度/℃ | 载气流量/MPa | 空气流量/MPa | 氢气流量/MPa |
|---|---|---|---|---|---|
|  |  |  |  |  |  |

## 二、采样条件

采样流速   mL/min;采样时间   min;采样体积为   mL。

## 三、不同浓度标样中各苯系物的峰面积 $A$ 及保留时间 $t_R$

| 标准溶液浓度/(μg/mL) | 0 | 0.4 | 0.8 | 1.2 | 1.6 | 2.0 | $t_R$/min |
|---|---|---|---|---|---|---|---|
| 苯 |  |  |  |  |  |  |  |
| 甲苯 |  |  |  |  |  |  |  |
| 对二甲苯 |  |  |  |  |  |  |  |

## 四、样品中各组分的峰面积 A 及保留时间 $t_R$

| 组分 | 1 | 2 | 3 |
|---|---|---|---|
| $t_R$/min | | | |
| A | | | |

# 实验 25　阿司匹林的液相色谱检测

## 一、实验目的

1. 掌握 HPLC 定性、定量的原理及方法。
2. 了解 HPLC 的结构和操作及实验条件选择。
3. 了解测定阿司匹林的降解率。

## 二、实验原理

1. 高效液相色谱分离的基本原理

分析试样中各组分在流动相推动下,通过装有固定相的色谱柱到达检测器。由于不同化合物分子结构和物理化学性质不同,固定相、流动相的作用力不同,各组分在两相中具有不同的分配系数,各组分在两相中进行分配而被分离。在同一色谱条件下,标准物质与未知物质保留时间一致是色谱法定性的基本依据。

定量分析首先要选择合适的色谱柱和洗脱液系统及对被分析物反应较为灵敏的检测器。被测组分要与其他成分有足够的分离度。当分离度 $R_s \geqslant 1$ 时峰面积重叠小于 2%,定量结果比较准确。

2. 外标校正曲线法定量

校正曲线是通过测定一系列已知浓度的标准样品,经曲线拟合而得到的含量-响应值(峰面积或峰高)的曲线。测定待分析样品的响应值后,用校正曲线进行含量计算的方法为外标校正曲线法。

3. 水杨酸含量分析

阿司匹林(乙酰水杨酸)为常用解热抗炎药,并被用于防治心脑血管病。由于其很容易降解为水杨酸,药物中水杨酸含量测定被用于阿司匹林的质量监测,乙酰水杨酸的水解方程式见式(4-9)。

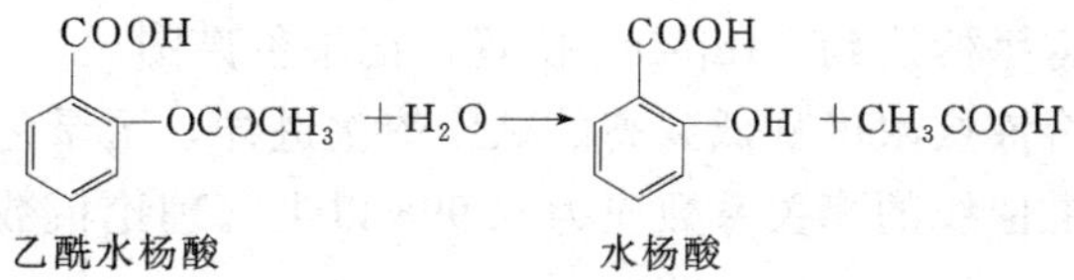

$$\text{乙酰水杨酸} + H_2O \longrightarrow \text{水杨酸} + CH_3COOH \tag{4-9}$$

用液相色谱法可以很好地分离阿司匹林和水杨酸,水杨酸的含量($c$)可用外标法进行定量测定。阿司匹林的半衰期为 15~20min,因此制好的样品需要立即测定。阿司匹林等水解率可用公式(4-10)计算。

$$水解率 = \frac{c_{水杨酸} V_{样品}}{m_{阿司匹林}} \times 100\% \tag{4-10}$$

## 三、仪器与试剂

1. 仪器

液相色谱仪：岛津 LC-20AT。

固定相：$C_{18}$ 键合多孔硅胶小球，$5\mu m$。

柱尺寸：150mm×4.6mm（I.D.）。

$25\mu L$ 进样器。

2. 试剂

双蒸水；甲醇（色谱纯）；冰醋酸；水杨酸（标准品）；乙酰水杨酸（阿司匹林）（原料药品）。

## 四、实验步骤

1. 标准溶液及样品溶液的配制

（1）水杨酸标准溶液的配制　称取水杨酸对照品8.1mg，溶解后，转移至1000mL容量瓶中，用流动相稀释至刻度，摇匀，作为水杨酸储备液。分别吸取此储备液2.0mL、3.0mL、4.0mL、5.0mL、6.0mL于10mL容量瓶中，用流动相稀释至刻度，摇匀。

（2）阿司匹林样品溶液配制　称取阿司匹林原料药10mg至2mL离心管中。在天平上称取1.5g 1%冰醋酸的甲醇溶液（1.875mL）加入上述离心管中，摇匀，即为阿司匹林样品液。用$0.45\mu m$滤膜过滤。

2. 色谱分析

（1）准备流动相。将色谱纯乙腈、四氢呋喃、冰醋酸和色谱纯水按比例配制500mL溶液，混合均匀，过滤并经超声波脱气后加入到仪器储液瓶中。

（2）检查仪器连接正确以后，接通高压泵、检测器和工作站转换器的电源。

设定色谱条件。

波长：276nm。

流动相：甲醇-10%冰醋酸水溶液（85∶15）。

流速：1mL/min。

温度：室温。

（3）用流动相冲洗色谱柱，以排除柱中的气泡。待基线平稳后（建议观察检测器的读数显示），将进样阀手柄拨到"Load"的位置，使用专用的液相色谱微量注射器取$5\mu L$样品注入色谱仪进样口，然后将手柄拨到"Inject"位置，记录色谱图。

（4）将水杨酸标准溶液按浓度从低到高的顺序依次进样，记录色谱图。利用色谱工作站软件绘制标准曲线，标准曲线的相关系数应为0.998以上，理论板数按阿司匹林峰计算不低于3000。

（5）阿司匹林样品溶液进样，记录色谱图中峰面积，保留时间，峰宽等信息，计算乙酰水杨酸和水杨酸的分离度$R$。用外标法计算样品中水杨酸含量。计算阿司匹林的降解率。

（6）以甲醇-水（体积比40∶60）为流动相冲色谱柱约30min。

### 五、数据记录及处理

1. 数据记录

水杨酸标样保留时间 _____。

水杨酸标样峰面积 A 记录表

| 加入储备液体积/mL | 2.0 | 3.0 | 4.0 | 5.0 | 6.0 |
|---|---|---|---|---|---|
| 水杨酸标样浓度/(μg/mL) | | | | | |
| 峰面积 A | | | | | |

阿司匹林样品溶液峰面积 A 记录表

阿司匹林称样量_____,甲醇称样量_____。

| 测定次数 | 1 | 2 | 3 |
|---|---|---|---|
| 峰面积 A | | | |

2. 用数据处理系统绘制标准曲线

在 N2000 色谱离线工作站中打开水杨酸标准样品数据文件,依次调出各个浓度的水杨酸标准样品的水杨酸色谱峰面积。制作校正曲线,校正曲线及相关系数自动显示于下方窗口。

3. 计算阿司匹林样品中水杨酸的含量

用 N2000 色谱离线工作站打开阿司匹林数据文件,数据处理系统自动根据校正曲线计算出阿司匹林样品溶液中水杨酸的含量 $c$(注意:在建立标准曲线时若输入浓度单位为 μg/mL,在下面的计算中要转换为 mg/mL)。

计算阿司匹林原料药的水解率(水杨酸的含量)。

### 六、注意事项

1. 所有进色谱柱的溶剂或样品均需过滤。
2. 实验条件,主要是流动相配比可以根据具体情况进行调整。
3. 实验中关注泵压变化,泵压突然升高说明色谱柱中有杂质堵塞,需尽快停止输入流动相。
4. 实验结束后,以甲醇-水(体积比 40:60)为流动相冲色谱柱约 30min,以除去色谱柱中残留样品。

### 七、思考题

1. 在外标法定量中,哪些因素影响定量的准确度?
2. 如何保护色谱柱延长使用寿命?

## 实验 26  高效液相色谱法测定甲醛的色谱条件考察

### 一、实验目的

1. 熟悉高效液相色谱仪的操作方法。
2. 了解反相键合相色谱的原理和应用。

3. 熟悉色谱条件对分离的影响。

## 二、实验原理

甲醛是一种无色、有强烈刺激性气味的气体。甲醛常温为气态，暴露在空气中极易挥发，易溶于水，35%～40%的甲醛水溶液叫做福尔马林。甲醛能与水、丙酮和乙醇等有机溶剂按任意比例混溶。甲醛液体在储藏过程中，多个甲醛分子会形成多聚甲醛。甲醛还是一种强还原剂，可发生亲核加成。甲醛具有防腐杀菌的性能，是由于生物体的蛋白质上氨基能与甲醛反应而杀死细菌。在食品行业中，甲醛是被国家明文规定禁止的添加剂，但许多不法商贩为了利益，而添加使用。在室内，甲醛主要来自于装修和装饰材料。燃料的不完全燃烧也是甲醛的主要来源之一。城市中的汽车每天都会产生一定的甲醛。吸烟者的甲醛排放量也相当的可怕。甲醛的毒性很高，直接表现在对人的皮肤和呼吸器官有强烈反应。甲醛可以对人体的危害大致分为：呼吸系统损害、免疫系统损害、中枢神经系统损害、生殖发育损害、遗传毒性和致癌作用。

高压液相色谱法是目前使用最普遍的测定甲醛的方法之一，应用范围很广，灵敏度也高。甲醛大多采用反相色谱柱进行分析，具有色谱柱稳定、保留时间短、重现性好及易于平衡的优点。反相色谱柱中常用的键合相有十八烷基硅烷（$C_{18}$）、辛基硅烷（$C_8$）、氰基硅烷和氨基硅烷等。常用的溶剂有甲醇、乙腈、水等。甲醛测定采用柱前衍生化法，甲醛与2,4-二硝基苯肼反应生成黄色的2,4-二硝基苯腙［反应式(4-11)］，经高效液相色谱分离，紫外检测器在355nm波长下检测。

$$\text{O}_2\text{N}-\text{C}_6\text{H}_3(\text{NO}_2)-\text{NHNH}_2 + \text{HCHO} \longrightarrow \text{O}_2\text{N}-\text{C}_6\text{H}_3(\text{NO}_2)-\text{NHN}=\text{CH}_2 \quad (4-11)$$

甲醛衍生化反应式

分离的效能与诸多因素有关，如固定相种类、比表面积、流动相的性质与组成等。本实验重点是流动相的选择。通过考察不同流动相比例条件下的甲醛衍生物（2,4-二硝基苯腙）和2,4-二硝基苯肼之间的分离度$R_s$来选择合适的流动相比例。一般要求被测量的物质与其他组分的分离度$R$要大于1.5。

## 三、仪器与试剂

1. 仪器

液相色谱仪：岛津LC-20AT。

固定相：$C_{18}$键合多孔硅胶小球，$5\mu m$。

柱尺寸：15mm×4.6mm（I.D.）。

流速：1.5mL/min。

检测波长：355nm。

进样体积：$5\mu L$。$25\mu L$进样器。

2. 试剂

（1）双蒸水；甲醇（色谱纯）；磷酸缓冲溶液（pH=2），配制0.1mol/L磷酸二氢钾，用磷酸调节pH值至2.0。

(2) 流动相：甲醇：水＝55：45，50：50，45：55，40：60，35：65，30：70 及 20：80。经过滤并超声脱气。

(3) 衍生液取 2,4-二硝基苯肼 1.0g，用乙腈溶解定容至 500mL，配成 2.0g/L 2,4-二硝基苯肼溶液；取 100mL 磷酸缓冲液和 100mL 2,4-二硝基苯肼溶液，混匀即得衍生液。

(4) 甲醛标准衍生溶液配制：将 1.00mL 的甲醛标准液（100mg/L，安瓿瓶装），置于 10mL 比色管中，再用加入 5.0mL 衍生液，加入磷酸缓冲液定容至 10.0mL，得到的标准溶液浓度为 10.0mg/L。室温静置 2min。过 0.45μm 微孔滤膜后供 HPLC 测定。

## 四、实验步骤

1. 按照仪器操作说明开机。
2. 设置色谱仪参数。流动相流速：1.5mL/min；流动相组成：甲醇：水＝30：70，紫外检测波长 355nm。进样量 5μL。
3. 检查流路确无气泡后，启动色谱系统，待基线稳定。
4. 注入甲醛标准衍生溶液，待所有色谱峰流出后结束分析。
5. 将流动相配比变为 35：65，40：60，45：55，50：50 及 55：45，重复 3、4 步的操作，比较分离情况。记录甲醛-2,4-二硝基苯肼衍生物和 2,4-二硝基苯肼的保留时间和半峰宽。
6. 按仪器操作说明关机。

## 五、数据记录及处理

1. 记录甲醛衍生物和 2,4-二硝基苯肼的保留时间及半峰宽（min）。

| 甲醇-水(体积比) | | 30：70 | 35：65 | 40：60 | 45：55 | 50：50 | 55：45 |
|---|---|---|---|---|---|---|---|
| 2,4-二硝基苯肼 | $t_R$ | | | | | | |
| | $W_{1/2}$ | | | | | | |
| 甲醛衍生物 | $t_R$ | | | | | | |
| | $W_{1/2}$ | | | | | | |
| $R_s$ | | | | | | | |

2. 根据各流动相配比条件下甲醛衍生物和 2,4-二硝基苯肼的保留时间和半峰宽计算分离度 $R_s$。比较分析时间，找出最佳流动相配比。

最佳流动相配比是：_____。

## 六、注意事项

1. 所有进色谱柱的溶剂或样品均需过滤。
2. 流动相配比进行调整后，需要将色谱仪流路中的流动相用新流动相替换，通常需用新流动相冲洗柱子 10～30min，待基线稳定后才能进样。
3. 实验中关注泵压变化，泵压突然升高说明色谱柱中有杂质堵塞，需尽快停止输入流动相。
4. 实验结束后，以甲醇-水（体积比 40：60）为流动相冲色谱柱约 30min，以除去色谱柱中残留样品。

## 七、思考题

1. 反相色谱中影响分离度的主要因素是什么，为什么？选择最佳色谱条件时要考虑到哪些因素？

2. 甲醛的检测方法一般有哪些？

## 附录　岛津 LC-20AT 型高效液相色谱仪操作规程

1. 开机前准备

(1) 储液瓶中装有足够的已经充分脱气的流动相，并且吸滤器已经放入储液瓶中。

(2) 排液管的另一端已经放入废液瓶中。

2. 开机

(1) 更换流动相，把排液阀旋钮反时针方向旋 180℃，打开排液阀，打开泵电源开关 ON，按 purge 键，泵开始运行，冲洗 1min 以后，自动停止，或按 pump 键或 purge 键停止冲洗操作。

(2) 设定流速，方法：Func＋流速＋Enter＋pump。观察屏幕显示压力，用流动相冲洗流路，直到色谱柱平衡。

(3) 开检测器电源开关 ON，设定波长，方法：Func＋波长＋Enter＋CE。

(4) 打开电脑，点击色谱工作站中文版，进入高效液相色谱工作站，设定相关参数。

3. 进样及数据采集

(1) 待色谱柱平衡后，可进样。用微量注射器吸取待检测的溶液，反复润洗多次后，吸取需要体积溶液。注意排除气泡。

(2) 进样方法：在手动进样器处于"Inject"位置下，插针，再使处于"Load"位置，推针进样，流动相将样品带入色谱柱，同时按下同步记录钮，稍后拔针。

(3) 待一个样品数据采集完毕，按下记录钮，使停止记录，自动计算并给出结果，存储，用溶剂或甲醇冲洗进样阀。继续反复操作，分析第二个样品，……

(4) 数据处理及打印报告。退出工作站。

4. 关机

(1) 数据采集完毕后即可关闭检测器。

(2) 待流路充分冲洗后，按 pump 键，pump 指示灯灭，关泵电源。

(3) 如果使用缓冲溶液作流动相，应先后使用足够的水和甲醇分别冲洗进样阀、泵头、色谱柱流路。

(4) 使用完毕，必须在《仪器使用记录本》上填写有关内容，责任老师检查仪器完好性后方可离去。

# 实验 27　高效液相色谱法测定空气中的甲醛含量

## 一、实验目的

1. 熟悉高效液相色谱仪的操作方法。

2. 了解反相键合相色谱的原理和应用。

3. 熟悉高效液相色谱仪的操作方法和空气样品中的甲醛分析方法。

## 二、实验原理

甲醛具有强烈刺激性气味，无色液体；易溶于水，易挥发，在医学上用作杀菌、防腐和消毒。甲醛是一种原生质毒物，能使细胞质的蛋白质发生不可逆凝固，它还是一种可疑潜在性的致癌物质。接触甲醛的人常引起呼吸道疾病；鼻炎癌、结肠癌、白血病、智力和记忆力下降等，对儿童、孕妇和老人危害尤为严重。甲醛是合成脲醛胶的重要原料，脲醛胶是生产室内装饰装修材料的主要黏合剂，居室装修是室内甲醛污染的主要来源。当室内甲醛含量为 $0.1mg/m^3$ 时就有异味和不适感，$0.5mg/m^3$ 时可刺激眼睛引起流泪，$0.6mg/m^3$ 时引起咽喉不适或疼痛；浓度再高可引起恶心、呕吐、咳嗽、胸闷、气喘甚至肺气肿；当空气中达到 $230mg/m^3$ 时可当即导致死亡。室内装饰装修材料中游离甲醛的释放期可达 15 年，因此，家装必须选用符合国家卫生标准的材料（GB 18580—2001、GB 18582—2001、GB 18583—2001、GB 18584— 2001、GB 18585—2001、GB 18587—2001），家装后应对居室空气进行甲醛的检测，符合国家卫生标准才能入住。我国对居室空气、旅店、文化娱乐场所、公共交通等候室等场所空气中的甲醛浓度均作了规定，除居室空气中甲醛浓度≤$0.08mg/m^3$ 外，其他场所空气中的甲酸浓度必须≤$0.12mg/m^3$。

测定空气中甲醛灵敏度较高的定量分析方法有乙酰丙酮分光光度法（GB/T 15516—1995）、酚试剂分光光度法及气相色谱法等（GB/T 18204.26—2000）。本实验通过 2,4-二硝基苯肼衍生技术用高效液相色谱测定室内空气中低浓度甲醛。该法用于室内及公共场所空气中甲醛的测定，具有简便、快速、灵敏、精密度好、准确度高的特点。

## 三、仪器与试剂

1. 仪器

液相色谱仪：岛津 LC-20AT。

固定相：$C_{18}$ 键合多孔硅胶小球，$5\mu m$。

柱尺寸：15mm×4.6mm（I.D.）。

流速：1.5mL/min；检测波长：355nm；进样体积：$5\mu L$。

XQC-15ET 大气采样器，0.1～1L/min。

2. 试剂

磷酸缓冲溶液（pH=2）：配制 0.1mol/L 磷酸二氢钾，用磷酸调节 pH 至 2.0。

衍生液：取 2,4-二硝基苯肼 0.2g，用乙腈溶解定容至 500mL，配成 0.4g/L 2,4-二硝基苯肼溶液；取 100mL 磷酸缓冲液和 100mL 2,4-二硝基苯肼溶液，混匀即得衍生液。

甲醛标准溶液配制：100mg/L，安瓿瓶装。

甲醇（分析纯）：经滤膜（$0.45\mu m$）过滤。

## 四、实验步骤

1. 标准溶液的测定

标准溶液的测定：分别取 100mg/L 甲醛标准液 0.00mL、0.20mL、0.50mL、

1.00mL、1.50mL、2.00mL 于 10mL 比色管中，用衍生液定容至 10.0mL，室温静置 2min，用 0.45μm 微孔滤膜过滤后用微量注射器取标液 5μL 进行 HPLC 进样分析。每个标液重复三次。

2. 样品的采集和测定

串联两支大型气泡吸收管，各加 5.00mL 水作吸收液，以 0.20～0.50L/min 的速度采集 10～15L 空气。从两支吸收管中各取吸收液 2.00mL 于 10mL 比色管中，混合；加衍生液 2.00mL 混匀，用磷酸缓冲液定容至 10.0mL，室温静置 2min，用微量注射器取空气样品溶液 5μL，进样分析。每个样品重复三次。

3. 按仪器操作说明关机。

## 五、数据记录及处理

1. 数据记录

| 甲醛标液浓度/(mg/L) | 0.00 | 0.02 | 0.05 | 0.1 | 0.15 | 0.2 |
|---|---|---|---|---|---|---|
| 峰面积 A | | | | | | |

样品中甲醛的峰面积为_____，_____，_____；平均值为_____。

2. 用数据处理系统绘制标准曲线

在 N2000 色谱离线工作站中打开甲醛标准样品数据文件，依次调出各个浓度标准样品的 2,4-二硝基苯腙色谱峰面积。制作校正曲线，校正曲线及相关系数自动显示于下方窗口。

3. 计算空气样品中甲醛的含量

采样空气的体积_____mL。

计算样品液中甲醛的浓度 $c_{甲醛}$（μg/mL）。

空气中甲醛的含量为：$q_{甲醛} = \dfrac{c_{甲醛} \times 2}{V_{空气}} \mu g/mL$。

## 六、思考题

1. 在外标法定量中，哪些因素影响定量的准确度？
2. 色谱流动相使用前应如何处理？如何保护色谱柱延长使用寿命？

# 实验28　维生素 E 胶囊中维生素 E 的定量分析（UV-VIS 法及 HPLC 法）

## 一、实验目的

1. 熟悉紫外-可见分光光度法和高效液相色谱的分析原理及操作。
2. 掌握测定维生素 E 总量及 α-维生素 E 含量的方法原理及实验技术。
3. 通过比较测试维生素 E 的两种不同手段，进一步了解两种方法各自的特点和技术要点。

## 二、实验原理

### 1. 紫外-可见分光光度法

维生素 E,又称生育酚(tocopherol),是维持人类多种正常生理活动的重要营养物质。以 $\alpha$-生育酚,$\beta$-生育酚,$\gamma$-生育酚,$\delta$-生育酚 4 种具有不同分子结构和功能的形式存在,其中 $\alpha$-生育酚是生理活性最强的维生素 E,而 $\gamma$-生育酚具有最强的抗氧化能力。如图 4-1 所示,它们共同的特点是含有一个酚羟基,具有一定的还原性。

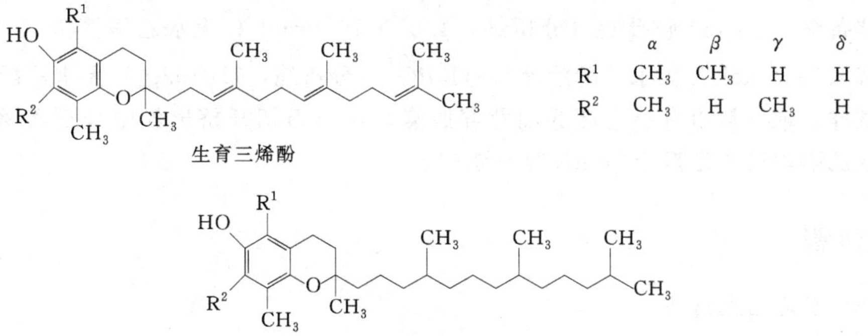

图 4-1 维生素 E 的 4 种异构体

当维生素 E 与三氯化铁(乙醇溶液)作用时,三价铁离子($Fe^{3+}$)变成二价铁离子($Fe^{2+}$),被还原的 $Fe^{2+}$ 与加入的铁试剂 $\alpha,\alpha'$-联吡啶配合形成深红色配合物,这一步反应非常灵敏而且定量完成,如反应式(4-12)所示。该配合物在 520nm 处有最大吸收。因而可通过紫外-可见光光谱测定配合物的含量,实现对维生素 E 的定量分析。以 $\alpha$-维生素 E 为例,发生以下反应:

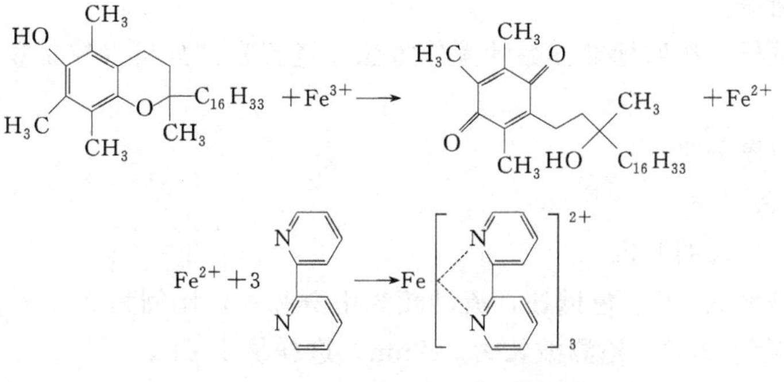

$$(4\text{-}12)$$

维生素 E 的显色反应

由于 $Fe^{3+}$ 见光易发生光还原反应,故需用 $H_3PO_4$ 掩蔽反应体系中过量的 $Fe^{3+}$。为避免影响测定的精准度,反应都是在无水乙醇体系中进行。

### 2. 高效液相色谱法

高效液相色谱(HPLC)具有高效分离、高灵敏度、快速分析的优点。依据维生素 E 异构体结构上的微小差异可利用正相色谱或反相色谱进行分析。本实验采用反相键合相色谱对维生素 E 进行定量分析。选择适当的实验条件使维生素 E 中的各种同系物、异构体得到良好的分离。在分离的基础上利用维生素 E 的标准品进行定性和定量。当标准品不易得到时,可借助 $\alpha$-维生素 $E_1$($\alpha$-维生素 E 标样易得)间接定性,即首先指认 $\alpha$-维生素 $E_1$,之后再根据维生素 E 异构体的极性来指认其他异构体，也可用 HPLC-MS 帮助定性。

## 三、仪器与试剂

1. 仪器

紫外-可见光光谱仪；高效液相色谱，带紫外检测器和真空脱气装置。

2. 试剂

甲醇（色谱纯）、乙醇（分析纯）、重蒸去离子水、α-维生素 E 标样 [4.9320g/L 无水乙醇溶液（储备液）]、$α,α'$-联吡啶（分析纯，$1.07×10^{-2}$mol/L 无水乙醇溶液）、$FeCl_3$（分析纯，$1.07×10^{-2}$mol/L 无水乙醇溶液）、$H_3PO_4$（分析纯，7.0192g/L 无水乙醇溶液）。

未知试样：取一粒市售小麦胚芽油营养胶囊，用小刀切开挤出囊中全部溶液，准确称量，用无水乙醇溶解并定溶于 50mL 容量瓶中。

## 四、实验步骤

1. 紫外-可见光光谱法

（1）按仪器操作说明开机，选择仪器参数使仪器处于待机状态。

（2）校正零点并选择最佳波长。

（3）取 5mL 维生素 E 储备液稀释至 50mL。分别取此维生素 E 标液 0.5mL、1mL、1.5mL、2.0mL、2.5mL，加入 1mL $FeCl_3$ 溶液，然后加入 2.5mL $α,α'$-联吡啶溶液，用少量无水乙醇冲洗瓶口，振荡摇匀，显色 10min，加入 1mL $H_3PO_4$ 标准溶液，用无水乙醇稀释定容至 25mL，充分振荡、摇匀，静置待测。

（4）以空白试样为参比溶液，测定上述 α-维生素 E 系列浓度溶液的吸光度（0.2～0.8），制作工作曲线。

（5）取未知试样，按照标准样品的操作方法，进行光谱分析（控制吸光度在工作曲线的中间）。

（6）按关机程序关机。

2. 高效液相色谱法

（1）按仪器操作说明开机。

（2）设置色谱参数：$C_{18}$ 色谱柱，流动相为甲醇和水，比例为 97:3（体积比），流速为 1.0mL/min，柱温为 30℃，检测波长为 292nm，进样量 20μL。

（3）启动色谱系统，注入未知试样 20μL。

（4）可适当调节甲醇与水的比例和流速，在最短时间内得到良好的分离。

（5）选择最佳色谱条件注入 α-维生素 E 标样，记录保留时间和峰面积，重复 3 次，取平均值（峰面积误差小于 3%）。

（6）注入未知物试样，重复 3 次，取平均值（峰面积误差小于 3%）。

（7）按关机程序关机。

## 五、数据记录及处理

1. 详细记录各种实验参数。

**紫外-可见光光谱法**

| 维生素 E 标液体积/mL | 0.5 | 1 | 1.5 | 2.0 | 2.5 | 未知液 |
|---|---|---|---|---|---|---|
| 吸光度 | | | | | | |

**高效液相色谱法**

| 维生素 E 标液体积/mL | 0.5 | 1 | 1.5 | 2.0 | 2.5 | 未知液 |
|---|---|---|---|---|---|---|
| 保留时间/min | | | | | | |
| 峰面积 | | | | | | |

2. 绘制工作曲线，给出工作曲线方程及相关系数。
3. 计算小麦胚芽油营养胶囊中的维生素 E 的总含量（紫外-可见光谱法）。
4. 用外标法计算小麦胚芽油营养胶囊中 α-维生素 E 的含量、容量因子和分离度，对分析结果进行误差分析。
5. 计算维生素 E 总含量（HPLC 法）及 α-维生素 E 在总维生素 E 中的相对含量（%）。

## 六、注意事项

1. 制作工作曲线之前，先确认维生素 E 的最佳检测波长。
2. 控制工作曲线各点的吸光度值在 0.2～0.8 的范围内。
3. 定量时适当稀释 α-维生素 E 标样，以符合外标法定量的要求。

## 七、思考题

1. 在紫外-可见光光谱法中为什么要控制吸光度的范围，否则有什么影响？
2. 两种不同测试方法各有什么特点？如果测试结果不吻合是什么原因？

# 实验 29　毛细管电泳法分析苯系物

## 一、实验目的

1. 理解毛细管电泳的基本原理。
2. 熟悉毛细管电泳仪器的构成。
3. 了解影响毛细管电泳分离的主要操作参数。

## 二、实验原理

**1. 毛细管电泳的仪器及操作**

组成部分主要是高压电源、缓冲液瓶（包括样品瓶）、毛细管和检测器。

高压电源是为分离提供动力的，商品化仪器的输出直流电压一般为 0～30kV，也有文献报道采用 60kV 以至 90kV 电压的。大部分直流电源都配有输出极性转换装置，可以根据分离需要选择正电压或负电压。

缓冲液瓶多采用塑料（如聚丙烯）或玻璃等绝缘材料研制成，容积为 1～3mL。考虑到分析过程中正负电极上发生的电解反应，体积大一些的缓冲液瓶有利于 pH 的稳定。进样时毛细管的一端伸入样品瓶，采用压力或电动方式将样品加载到毛细管入口，然后将样品瓶换为缓冲液瓶，接通高压电源开始分析。

2. 毛细管电泳的分离模式

毛细管电泳（CE）有6种常用的分离模式。其中毛细管区带电泳（CZE）、胶束电动毛细管色谱（MEKC）和毛细管电色谱（CEC）最为常用。本实验的内容为CZE。

毛细管区带电泳（CZE）是最简单的CE模式，因为毛细管中的分离介质只是缓冲液。在电场的作用下，样品组分以不同的速率在分立的区带内进行迁移而被分离。由于电渗流的作用，正负离子均可以实现分离。在正极进样的情况下，正离子首先流出毛细管，负离子最后流出。中性物质在电场中不迁移，只是随电渗流一起流出毛细管，故得不到分离。

3. 毛细管电泳的影响因素

在CZE中，影响分离的因素主要有缓冲液的种类、浓度和pH值、添加剂、分析电压、温度、毛细管的尺寸和内壁改性等。

(1) 缓冲液。缓冲液的选择主要考虑其$pK_a$值要与分析所用pH值匹配，另外，有的缓冲液与样品组分之间有特殊的相互作用，可提高分析选择性。比如，分析多羟基化合物时，多用硼酸缓冲液，因为硼酸根可与羟基形成配合物，有利于提高分离效率。增大缓冲液的浓度一般可以改善分离，但电渗流会降低，因而延长了分析时间，过高的盐浓度还会增加焦耳热。缓冲液的pH值主要影响电渗流的大小和被分析物的解离情况，进而影响被分析物的淌度，是CZE分析中最重要的操作参数之一。

(2) 缓冲液添加剂。添加剂多为有机试剂，如甲醇、乙腈、尿素、三乙胺等，其作用主要是增加样品在缓冲液中的溶解度，抑制样品组分在毛细管壁的吸附，改善峰形。

(3) 分析电压。提高分析电压有利于提高分离效率和缩短分析时间，但可能造成过大的焦耳热。

(4) 温度。温度的变化可以改变缓冲液的黏度，从而影响电渗流。

(5) 毛细管尺寸。毛细管内径越小，分离效率越高，但样品容量越低；增加毛细管长度可提高分离效率，但延长了分析时间。

(6) 毛细管内壁。有时为了改善分离，要对毛细管内壁进行改性，比如采用涂层技术。

本实验主要考察缓冲溶液的pH对分离的影响。

## 三、仪器与试剂

1. 仪器

1229型高效毛细管电泳仪；（紫外检测器）；石英毛细管柱 50cm×50μm；色谱工作站；PHS-3C数字酸度计；超声波清洗器；超纯水仪器。

5mL移液管2只，1mL移液管2支，10mL容量瓶2个，滴管2支。塑料样品管16个，分别用于标准样品、未知样品、三种缓冲溶液、NaOH、水和废液，做好标号。滴瓶一共5个，分别装三种缓冲液（buffer）、1mol/L的NaOH和乙醇。镊子、洗瓶、吸耳球、试管架、塑料样品管架、废液烧杯每组一个。滤纸。

2. 试剂

标样：浓度为1.00 mg/mL的苯甲醇、苯甲酸、水杨酸、对氨基水杨酸标样，均溶于二次水中；未知浓度混合样品。

缓冲溶液：10mmol/L $NaH_2PO_4$-$Na_2HPO_4$ 1∶1缓冲溶液（$NaH_2PO_4$和$Na_2HPO_4$各5mmol/L）pH值为6.8；20 mmol/L HAc-NaAc（HAc∶NaAc 大约1∶15）缓冲溶液，

pH 值为 6；20mmol/L $Na_2B_4O_7$ 缓冲溶液，pH 值为 9.18。

1mol/L NaOH 溶液，二次去离子水。

## 四、实验步骤

1. 仪器的预热和毛细管的冲洗

按照仪器说明书，打开仪器和配套的工作站。工作温度设置为 30℃，不加电压，冲洗毛细管，顺序依次是：1mol/L NaOH 溶液 5min，二次水 5min，10mmol/L $NaH_2PO_4$-$Na_2HPO_4$ 1∶1 缓冲溶液 5min，冲洗过程中出口（outlet）对准废液的位置，并不要升高托架。

2. 混合标样的配制

分别用 5mL 的移液管移取 3mL 苯甲醇、3mL 苯甲酸，用 1mL 的移液管移取 1mL 水杨酸、0.5mL 对氨基水杨酸于 10mL 的容量瓶中，定容，得到苯甲醇、苯甲酸、水杨酸、对氨基水杨酸浓度分别为 300μg/mL、300μg/mL、100μg/mL、50.0μg/mL 的混合溶液作为混合标样。

3. 混合标样的测定

待毛细管冲洗完毕，取 1mL 混合标样，置于塑料样品管，放在电泳仪进口（inlet）托架上 sample 的位置，然后调整出口（outlet）对准缓冲溶液（buffer），升高托架并固定，然后开始进样。进样压力 30 mbar，进样时间 5s。进样后将进口（inlet）托架的位置换回缓冲溶液（buffer），切记换回 buffer 的位置！然后开始分析，电压 25kV，时间约 10min。记录毛细管电泳图和各峰信息。

4. 不同缓冲溶液下迁移时间的变化

冲洗毛细管，顺序依次是：1mol/L NaOH 溶液 5min，二次水 5min，然后更换进出口两端的缓冲溶液为 20mmol/L $Na_2B_4O_7$，冲洗 5min；并在步骤 3 相同条件下测试混合标样，电压 25kV，时间约 10min。记录毛细管电泳图和各峰信息。

按上述顺序再次更换进出口两端的缓冲溶液为 20mmol/L HAc-NaAc（pH=6），冲洗 5min；并在步骤 3 相同条件下测试混合标样，电压 25kV，时间约 10min。记录毛细管电泳图和各峰信息。

5. 未知浓度混合样品的测定

按上述顺序再次更换进出口两端的缓冲溶液为 10 mmol/L $NaH_2PO_4$-$Na_2HPO_4$ 1∶1 缓冲溶液，方法与条件同步骤 3，测试未知浓度混合样品，分析时间约 10min。记录毛细管电泳图和各峰信息。

6. 完成实验以后，用水冲洗毛细管 10min，再用空气吹干 10min。

## 五、数据记录及处理

1. 不同缓冲液条件下标样中四种组分的出峰时间 $t_R$ 和峰面积 $A$

| 缓冲液 | 组分 1 | | 组分 2 | | 组分 3 | | 组分 4 | |
|---|---|---|---|---|---|---|---|---|
| | $t_R$ | $A$ | $t_R$ | $A$ | $t_R$ | $A$ | $t_R$ | $A$ |
| $NaH_2PO_4$-$Na_2HPO_4$ | | | | | | | | |
| $Na_2B_4O_7$ | | | | | | | | |
| HAc-NaAc | | | | | | | | |

(1) 根据电泳的原理，判断 $NaH_2PO_4$-$Na_2HPO_4$ 为缓冲液时，混合标样中 4 个组分分别为哪种物质（需要查找被分析物的 $pK_a$ 值）。

(2) 根据分离情况确定哪种缓冲溶液分离效果最佳。

2. 未知样中各种组分的出峰时间 $t_R$ 和峰面积 $A$

| 缓冲液 | 组分1 | | 组分2 | | 组分3 | | 组分4 | |
|---|---|---|---|---|---|---|---|---|
| | $t_R$ | $A$ | $t_R$ | $A$ | $t_R$ | $A$ | $t_R$ | $A$ |
| $NaH_2PO_4$-$Na_2HPO_4$ | | | | | | | | |

(1) 找到在未知混合样品中与标样迁移时间一致的峰，确定未知样组成。

(2) 按照已知浓度峰的积分面积之比折算未知浓度混合样品中各个组分的浓度（外标定量法）。

(3) 根据电泳的原理，判断在另外两种缓冲溶液下，各个峰的归属，并对各个组分迁移时间的变化做出合理分析和讨论。

## 六、注意事项

1. 冲洗毛细管时禁止在毛细管上加电压；不允许更改讲义上给定的工作电压，也不建议改变进样时间。

2. 样品和缓冲溶液之间的切换是手动的，在实验过程中要随时注意是不是放在正确位置；如果在分析时将样品或者洗涤液当作缓冲溶液，请停止分析并重新用对应缓冲溶液冲洗管路 10min。

3. 冲洗毛细管对于实验结果的可靠性和重现性至关重要，务必认真完成每一次冲洗，不允许缩短冲洗时间或者不冲洗。

4. 做完实验以后一定要用水冲洗毛细管，一天做完以后要用空气吹干，否则可能会导致毛细管堵塞，严重影响后面组的同学实验，希望引起足够的重视。

5. 塑料样品管的里面容易产生气泡，轻敲管壁排出气泡以后方可放入托管架。

6. 合理分配实验时间，注意一组四个同学之间的分工合作，每个同学均要实际操作冲洗、进样、分析全过程一次。

## 七、思考题

1. 为什么不采用浓度一样的混合溶液作为混合标样？

2. 在每种缓冲液条件下，分别是哪种物质可以作为电渗流标记物？

# 附录　1229 型高效毛细管电泳仪的介绍

1. 毛细管的冲洗方法

首先用双手拇指将压力冲洗装置的顶推盘压下，旋转一个角度，使其固定住。然后将毛细管盖连同毛细管从高压端取出放到装有冲洗液的顶端处，并一同放到下盒盖中，盖上上盒盖后，再用双手拇指将顶推盘旋转回原来的角度，使其顶住注射器推杆，即可进行毛细管冲洗。

2. 施加高压方法

初次升压时,必须先将电压调节钮 6 逆时针旋到底后,再按高压启动钮 3,并缓慢逆时针旋转高压钮 6 至所须电压值。如果发生异常立即按高压关断钮 5,排除故障后,再重新升压。

3. 电迁移进样的方法

把电压调到所需电压。掀开上盖,把样品瓶放在样品瓶托盘上,将毛细管的一端从放在样品瓶托盘上的缓冲液瓶里抽出,插进样品瓶里,盖上上盖。然后立即按高压启动钮 3,待达到预定时间后,掀开上盖,将毛细管从样品瓶抽出,插入缓冲液瓶里。立即盖上上盖,把电压上升到工作电压,开始数据采集。

# 实验 30　毛细管电泳检测水样中硝酸盐、亚硝酸盐

## 一、实验目的

1. 理解毛细管电泳分离阴离子的基本原理。
2. 掌握毛细管电泳的仪器操作。

## 二、实验原理

硝酸盐和亚硝酸盐在环境、食品中广泛存在。硝酸盐和亚硝酸盐作为食品添加剂中的发色剂能较长时间保持食品的色、香、味不变。亚硝酸盐可导致高铁血红蛋白症,也可与仲胺和叔胺结合产生致癌物质亚硝胺。硝酸盐虽然本身对人体无害,但在环境中很容易被还原成亚硝酸盐。故硝酸根和亚硝酸根的定量分析对于环境质量评价,保护人身健康和生化研究都有重要意义。

用于测定食品中硝酸盐和亚硝酸的方法有光度法、离子色谱法等;测定食品中苯甲酸盐的方法有电位测定法、高效液相色谱法等。运用毛细管电泳法分析无机和有机阴离子具有分析速度快、分离效率高、试剂和样品用量少、成本低等特点。分离柱效一般可达每米几十万理论塔板数分离效率比离子色谱提高两个数量级。由于 $NO_2^-$ 和 $NO_3^-$ 的电迁移率非常相近,一般用较低 pH 的缓冲溶液增加两者的分辨率。亚硝酸根的 $pK_a=3.15$,而硝酸根的 $pK_a=-1.3$,亚硝酸的酸性较弱,在酸性缓冲液中电离程度低于硝酸根,因此电迁移率要低于硝酸根离子。借此原理可将两者分离。$NO_2^-$ 和 $NO_3^-$ 在 205nm 有较强的紫外吸收,因此可以用紫外检测器检测。

## 三、仪器与试剂

1. 仪器

1229 型高效毛细管电泳仪(紫外检测器);石英毛细管柱 $50cm \times 50\mu m$;色谱工作站;PHS-3C 数字酸度计;$0.45\mu m$ 微孔滤膜;超声波清洗器;超纯水仪器。

2. 试剂

磷酸二氢钾;十六烷基三甲基氯化铵(CTAC);盐酸;亚硝酸钠;硝酸钠;0.1mol/L NaOH 溶液;去离子水(超纯水);水样。所有试剂均为分析纯。

(1) 缓冲溶液：30mmol/L 磷酸二氢钾，0.3mmol/L 十六烷基三甲基氯化铵（CTAC）作电渗流改性剂，用 1mol/L 盐酸调节 pH=3.50。

(2) $NO_2^-$ 和 $NO_3^-$ 标准储备液（1.0000g/L）：称取亚硝酸钠 0.1500g、硝酸钠 0.1371g，分别溶于 100mL 超纯水中，置于冰箱内保存，实验前稀释至所需浓度。所有溶液均用超纯水配制。

(3) 所有溶液在进样前必须用 0.45μm 微孔滤膜过滤，再超声脱气 5min 除去气泡。

## 四、实验步骤

1. 毛细管电泳分离条件设置：采用电压进样（10kV，8s），紫外检测器波长设置为 205nm。分离电压为 -21kV，操作温度为 28℃，实验前将毛细管用 0.1mol/L NaOH、超纯水各清洗 5min，缓冲溶液清洗 10min。两次运行之间用缓冲溶液冲洗 2min。为保证分析结果的重现性，缓冲溶液每运行 3 次后要更新。

2. 标准溶液配制：分别移取 0.1mL、0.5mL、1.0mL、1.5mL、2.0mL、2.5mL $NO_2^-$ 和 $NO_3^-$ 标准储备液（1.0000g/L）于 6 个 50mL 容量瓶中，加水稀释到刻度。配制成浓度分别为 2mg/L、10mg/L、20mg/L、30mg/L、40mg/L、50mg/L 的 $NO_2^-$ 和 $NO_3^-$ 混合标准溶液。

3. 将上述标准溶液依次在毛细管电泳仪上进行进样分离，记录电泳图和峰面积。每个样品重复测定 3 次。

4. 取水样，在上述的电泳条件下对样品溶液进行测定，记录电泳图和峰面积。平行测三次。

5. 实验完成以后，用水冲洗毛细管 10min，再用空气吹干 10min。

## 五、数据记录及处理

1. 标准溶液中两种组分的峰面积 $A$

| 标液浓度/(mg/L) | 2 | 10 | 20 | 30 | 40 | 50 |
|---|---|---|---|---|---|---|
| $NO_3^-$ 峰面积 | | | | | | |
| $NO_2^-$ 峰面积 | | | | | | |

分别根据 $NO_3^-$ 和 $NO_2^-$ 的峰面积与浓度制作标准曲线。

2. 水样中 $NO_3^-$ 峰面积_____。$NO_2^-$ 峰面积_____。

分别根据 $NO_3^-$ 和 $NO_2^-$ 的峰面积从标准曲线上找出 $NO_3^-$ 和 $NO_2^-$ 的浓度。即得水样中 $NO_3^-$ 和 $NO_2^-$ 的浓度。

## 六、注意事项

1. 冲洗毛细管时禁止在毛细管上加电压；不允许更改讲义上给定的工作电压，也不建议改变进样时间。

2. 样品和缓冲溶液之间的切换是手动的，在实验过程中要随时注意是不是放在正确位置；如果在分析时将样品或者洗涤液当作缓冲溶液，请停止分析并重新用对应缓冲溶液冲洗管路 10min。

3. 冲洗毛细管对于实验结果的可靠性和重现性至关重要，务必认真完成每一次冲洗，不允许缩短冲洗时间或者不冲洗。

4. 做完实验以后一定要用水冲洗毛细管,一天做完以后要用空气吹干,否则可能会导致毛细管堵塞,严重影响后面组的同学实验,希望引起足够的重视。

5. 塑料样品管的里面容易产生气泡,轻敲管壁排出气泡以后方可放入托管架。

## 七、思考题

1. 为什么不采用碱性缓冲液作为分离 $NO_3^-$ 和 $NO_2^-$ 的工作缓冲液?
2. 缓冲液中十六烷基三甲基氯化铵(CTAC)的作用是什么?

### 参考文献

[1] 杭州师范大学材化学院分析化学教研室. 仪器分析实验讲义 [M]. 杭州, 2014
[2] 陈培榕,李景虹,邓勃. 现代仪器分析实验与技术[M]. 第 2 版. 北京:清华大学出版社,2006:368-370.
[3] 张晓丽,江崇球,吴波. 仪器分析实验 [M]. 北京:化学工业出版社,2006:119-139.
[4] HJ 584—2010,环境空气苯系物的测定 活性炭吸附/二硫化碳解吸-气相色谱法[S]. 北京:中华人民共和国国家环境保护部,2010.
[5] 姚巍,徐淑坤. 流动注射-毛细管电泳直接紫外测定环境水中硝酸根和亚硝酸根[J]. 分析化学,2002,30:836-838.

# 第五章 综合实验

## 实验 31 强酸型阳离子交换树脂的制备、交换量测定及其在大米中痕量镉富集-火焰原子吸收法测定的应用

### 一、实验目的

1. 掌握悬浮聚合法制备颗粒均匀的悬浮共聚物。
2. 掌握强酸型阳离子交换树脂的制备原理。
3. 掌握离子交换树脂体积交换量的测定方法。
4. 学习压力自控密闭微波溶样系统。
5. 掌握离子交换富集镉的方法。
6. 掌握火焰原子吸收法的基本原理。
7. 掌握用标准曲线法测定镉的原理和方法。

### 二、实验原理

镉是一种剧毒元素,大米是我国居民的主食之一。准确地测量大米中痕量镉对判断人体健康状况具有重要意义。由于大米中镉含量一般低于 1.0mg/kg,无法用火焰原子吸收光谱法直接测定。强酸型阳离子交换树脂对镉具有一定的吸附能力,可用于大米中镉的富集,达到火焰原子吸收光谱仪的检出范围,实现对大米中痕量镉的测定。

悬浮聚合是指机械搅拌结合悬浮剂使单体和互不相溶的分散溶剂在引发剂作用下进行的聚合。悬浮剂有两类物质:一类是溶于水的高分子如聚乙烯醇、明胶、聚甲基丙烯酸钠等;另一类是不溶于水的无机盐,如硅藻土、钙镁的碳酸盐、硫酸盐和磷酸盐等。影响悬浮聚合的因素主要有分散介质(一般为水)、分散剂和搅拌速度。水量不够不足以把单体分散开,水量太多反应容器要增大,给生产和实验带来困难,一般水与单体的比例在 2~5。分散剂降低了液体的界面张力,提高了单体液滴的分散程度;也可以增加聚合介质的黏度,从而阻碍单体液滴之间的碰撞黏结;同时它还可以在单体的液滴表面形成保护膜防止液滴的凝聚。分散剂一般常用量为单体的 0.2%~1%,太多容易产生乳化现象。搅拌速度是制备粒度均匀的球状聚合物的极为重要的因素,离子交换树脂对颗粒度要求比较高,所以严格控制搅拌速度,制得颗粒度合格率比较高的树脂,是实验中需特别注意的问题。

按功能基分类,离子交换树脂分为阳离子交换树脂和阴离子交换树脂。当把阳离子基团

固定在树脂骨架上,可进行交换的部分为阴离子时,称为阴离子交换树脂,反之为阳离子交换树脂。不带功能基的大孔树脂,称为吸附树脂。阳离子交换树脂用酸处理后,得到的都是酸型,根据酸的强弱,又可分为强酸型及弱酸型树脂。一般把磺酸型树脂称为强酸型,羧酸型树脂称为弱酸型,磷酸型树脂介于这两种树脂之间。离子交换树脂应用极为广泛,它可用于水处理、原子能工业、海洋资源、化学工业、食品加工、分析检测、环境保护等领域。

微波是一种频率范围在 300~300000MHz 的电磁波,用来加热的微波频率通常是 2450Hz,即微波产生的电场正负信号每秒钟可以变换 24.5 亿次。含水或酸的极性物质分子在微波电场的作用下,以每秒 24.5 亿次的速率不断改变其正负方向,使分子产生高速的碰撞和摩擦而产生高热;同时,离子在微波电场的作用下定向流动,形成离子电流,离子在流动过程中与周围的分子和离子发生高速摩擦和碰撞,使微波能转化成热能。微波加热就是通过分子极化和离子导电两个效应对物质直接加热,消除了由电热板、空气、容器壁热传导的热量损失,因而热效率特别高。密闭增压是样品在密闭容器里通过微波的快速加热,使样品在高温高压下消解,具有溶样速度快、试剂用量少、环境污染少等突出优点。

固相萃取(solid phase extraction,SPE)就是利用固体吸附剂将液体样品中的目标化合物吸附,与样品的基体和干扰化合物分离,然后再用洗脱液洗脱或加热解吸附,达到分离和富集目标化合物的目的。固相萃取有很多优点,固相萃取不需要大量互补相容的溶剂,处理过程不会产生乳化现象,能显著减少溶剂的用量,简化样品处理过程,所需费用也能大幅度降低。一般而言固相萃取所需时间是液-液萃取的 1/2,费用为液-液萃取的 1/5。固相萃取柱(SPE)一般操作程序如下。①活化吸附剂:在萃取样品之前要用适当的溶剂淋洗固相萃取柱,以使吸附剂保持湿润,可以吸附目标化合物或干扰化合物;②上样:将液态或溶解后的固态样品倒入活化后的固相萃取柱,然后利用加压、抽真空或离心的方法使样品进入吸附剂;③洗涤:在样品进入吸附剂,目标化合物被吸附后,可以先用较弱的溶剂将弱保留的干扰化合物洗掉;④洗脱:最后加入强溶剂将目标化合物洗脱下来,加以收集保存。

待测元素的试样溶液经雾化器雾化后,在燃烧器的高温下原子化,离解成基态原子。锐线光源空心阴极灯发射出待测元素特征波长的光辐射,穿过原子化器中一定厚度的原子蒸汽时被待测元素的基态原子所吸收,减弱后的特征辐射经单色器光栅分离被检测系统检测。根据朗伯-比尔定律,吸光度和待测元素基态原子浓度成正比的关系,即可求得待测元素的含量。

## 三、仪器与试剂

1. 仪器

三口烧瓶,球形冷凝管,直形冷凝管,交换柱,量筒,烧杯,移液器,容量瓶,搅拌器,水银导电表,继电器,电炉,水浴锅,标准筛(30~70 目,150~200 目),食品粉碎机。MK-Ⅲ型光纤压力自控密闭微波溶样系统,vario 6 原子吸收分光光度计,镉空心阴极灯,JUN-AIR 空气压缩机,乙炔钢瓶及调压器。

2. 试剂

苯乙烯(St),5% 聚乙烯醇(PVA),过氧化苯甲酰(BPO),二乙烯苯(DVB),0.1% 亚甲基蓝水溶液,二氯乙烷(分析纯),$H_2SO_4$(92%~93%),HCl(5%),NaOH(5%),$HNO_3$(68%),$H_2O_2$(分析纯),氢氧化钾(优级纯),1000μg/mL 镉标准储备溶液,二次亚沸蒸馏水。

3. 微波消解条件

称样量：0.2g；$HNO_3$(GR)：4mL；$H_2O_2$(AR)：1mL。0.5MPa：3min；1MPa：4min。

4. 原子吸收分析条件如表5-1所示

表5-1　原子吸收光谱法分析镉的条件

| 元素 | 波长 /nm | 灯电流 /mA | 光谱通带 /nm | 压缩空气流量 /(L/h) | 乙炔流量 /(L/h) | 燃烧器高度 /mm |
|---|---|---|---|---|---|---|
| 镉 | 213.8 | 4.5 | 0.5 | 400 | 65 | 6 |

## 四、实验步骤

1. St-DVB 的悬浮共聚

在 250mL 三口烧瓶中加入 100mL 蒸馏水、5% PVA 溶液 5mL，数滴亚甲基蓝水溶液，调整搅拌片的位置，使搅拌片的上沿与液面平。开动搅拌器并缓慢加热，升温至 40℃后停止搅拌。将事先在小烧杯中混合并溶有 0.4g BPO、40g DVB 的混合物倒入三口烧瓶中。开动搅拌器，开始转速要慢，待单体全部分散后，用细玻璃管（不要用尖嘴玻璃管）吸出部分油珠放到表面皿上，观察油珠大小。如油珠偏大，可缓慢加速。过一段时间后继续检查油珠大小，如仍不合格，继续加速，如此调整油珠大小，一直到合格为止。

待油珠合格后，以 1～2℃/min 的速度升温至 70℃，并保温 1h，再升温到 85～87℃反应 1h。在此阶段避免调整搅拌速度和停止搅拌，以防止小球不均匀和发生黏结。当小球定型后升温到 90℃，继续反应 2h。停止搅拌，在水浴上煮 2～3h，将小球倒入尼龙沙袋中，用热水洗小球两次，再用蒸馏水洗两次，将水甩干，把小球转移到磁盘内，自然晾干或 60℃烘箱中干燥 3h，称量。用 30～70 目标准筛过筛，称重，计算小球合格率。小球外观为乳白、不透明状。

2. 共聚小球的磺化

称取合格白球 20g，放入 250mL 装有搅拌器、球形冷凝管的三口烧瓶中，加入 20g 二氯乙烷，溶胀 10min，加入 92.5% 的 $H_2SO_4$ 100g。开动搅拌器，缓慢搅动，以防把树脂粘到瓶壁上。用油浴加热，1h 内升温至 70℃，反应 1h，再升温至 80℃反应 6h。然后改成蒸馏装置，搅拌下升温至 110℃，常压蒸出二氯乙烷，撤去油浴。

冷至近室温后，用玻璃砂芯漏斗抽滤，除去硫酸，然后把这些硫酸缓慢倒入能将其浓度降低 15% 的水中，把树脂小心地倒入被冲稀的硫酸中，搅拌 20min。抽滤除去硫酸，将此硫酸的一半倒入能将其浓度降低 30% 的水中，将树脂倒入被第二次冲稀的硫酸中，搅拌 15min。抽滤除去硫酸，将硫酸的一半倒入能将其浓度降低 40% 的水中，把树脂倒入被三次冲稀的硫酸中，搅拌 15min。抽滤除去硫酸，把树脂倒入 50mL 饱和食盐水中，逐渐加水稀释，并不断把水倾出，直至用自来水洗至中性。

取约 8mL 树脂于交换柱中，保留液面超过树脂 0.5cm 左右即可，树脂内不能有气泡。加 5% NaOH 100mL 并逐滴流出，将树脂转为 Na 型。用蒸馏水洗至中性。再加 5% 盐酸 100mL，将树脂转为 H 型。用蒸馏水洗至中性。如此反复三次。

3. 树脂性能的测试

(1) 体积交换量。是指单位体积的 H 型树脂交换阳离子的物质的量。

取 5mL 处理好的 H 型树脂放入交换柱中，倒入 1mol/L NaCl 溶液 300mL，用 500mL

锥形瓶接流出液，流速 1~2 滴/min。注意不要流干，最后用少量水冲洗交换柱。将流出液转移至 500mL 容量瓶中。锥形瓶用蒸馏水洗三次，也一并转移至容量瓶中，最后将容量瓶用蒸馏水稀释至刻度。然后分别取 50mL 液体于两个 300mL 锥形瓶中，用 0.1mol/L 的 NaOH 标准溶液滴定。

空白试验：取 300mL 1mol/L NaCl 溶液于 500mL 容量瓶中，加蒸馏水稀释至刻度，取样进行滴定。体积交换容量 $E$ 用式(5-1)计算。

$$E = \frac{M(V_1 - V_2)}{V} \tag{5-1}$$

式中　$E$——体积交换容量，mol/mL；
　　　$M$——NaOH 标准溶液的浓度，mol/L；
　　　$V_1$——样品滴定消耗的 NaOH 标准溶液的体积，mL；
　　　$V_2$——空白滴定消耗的 NaOH 标准溶液的体积，mL；
　　　$V$——树脂的体积，mL。

（2）膨胀系数。树脂在水中由 H 型（无多余酸）转为 Na 型（无多余碱）时体积的变化。

用小量筒取 5mL H 型树脂，在交换柱中转为 Na 型并洗至中性，用量筒测其体积。膨胀系数 $P$ 按式(5-2)计算：

$$P = \frac{V_H - V_{Na}}{V_H} \times 100\% \tag{5-2}$$

式中　$P$——膨胀系数；
　　　$V_H$——H 型树脂体积，mL；
　　　$V_{Na}$——Na 型树脂体积，mL。

或者在交换柱中测 H 型树脂的高度，转型后再测其高度，则：

$$P = \frac{L_H - L_{Na}}{L_H} \times 100\%$$

式中　$L_H$——H 型树脂的高度，cm；
　　　$L_{Na}$——Na 型树脂的高度，cm。

**4. 大米样的预处理**

购买 50g 的市售大米，用食品粉碎机充分粉碎后过标准筛（150~200 目）。准确称取粉碎大米 0.5g 于内消化罐中，加入 5mL HNO$_3$ 和 1mL H$_2$O$_2$（20 滴），将内罐放入外罐，旋上盖后放入 MK-Ⅲ型光纤压力自控密闭微波炉中，以 0.5MPa 3min、1MPa 4min 的消化条件进行微波消解，冷却后在通风橱中打开消化罐，滴入 0.5mL（10 滴）H$_2$O$_2$ 除去过量 HNO$_3$，将消化内罐中的溶液倒入小烧杯中并用少量高纯水冲洗消化内罐，冲洗液并入小烧杯中，用 1mol/L KOH 调节 pH 为 8.4 左右，移入 250mL 比色管中定容。

**5. 镉标准溶液的配制**

按表 5-2 在 5 个 100mL 容量瓶中准确配制镉的标准溶液。

表 5-2　Cd 标准溶液的配制

| 标准系列 | 1# | 2# | 3# | 4# | 5# | 加入底液 |
|---|---|---|---|---|---|---|
| 配制浓度/(μg/mL) | 0.05 | 0.10 | 0.20 | 0.50 | 1.00 | |
| 取 100μg/mL 标液体积/mL | 0.05 | 0.10 | 0.20 | 0.50 | 1.00 | 1%HNO$_3$ 1mL |

### 6. 大米消解液的离线富集

称取 5 g 的强阳离子交换树脂，制作成富集小柱。依次用 50mL 的 2mol/L 硝酸、二次亚沸蒸馏水过柱洗涤。然后将 50mL 的大米消解液和二次亚沸蒸馏水依次流过富集小柱，再用 5mL 的 2mol/L 硝酸洗脱，收集洗脱液待测。富集后的小柱再依次用 50mL 的 2mol/L 硝酸、二次亚沸蒸馏水过柱洗涤，准备下一次富集。标准溶液的富集过程同大米消解液。

### 7. 大米富集洗脱液的火焰原子吸收测定

(1) 测定标准系列溶液吸光度，制作标准曲线。

(2) 测定试样溶液吸光度，求出待测元素含量。

## 五、数据记录及处理

### 1. 树脂性质测定

| 测定次数 | | 1# | 2# | 3# |
|---|---|---|---|---|
| $V_H$——H 型树脂体积/mL | | | | |
| NaOH 浓度/(mol/L) | | | | |
| NaOH 体积/mL | 样品所耗 $V_1$ | | | |
| | 空白所耗 $V_2$ | | | |
| | 实际消耗 $\Delta V$ | | | |
| 体积交换容量/(mol/mL) | 测定值 | | | |
| | 平均值 | | | |
| | RSD/% | | | |
| $V_{Na}$——Na 型树脂体积/mL | | | | |
| 膨胀系数 | 测定值 | | | |
| | 平均值 | | | |
| | RSD/% | | | |

### 2. 制作标准曲线

元素：　　　　容量瓶体积：　　　mL

| 标准溶液号码 | 1# | 2# | 3# | 4# | 5# |
|---|---|---|---|---|---|
| 吸取标液/(μg/mL)体积/(mL) | | | | | |
| 标准溶液浓度/(μg/mL) | | | | | |
| 平均吸光度 | | | | | |

| 标准曲线数据 | 相关系数 R | 斜率 Slope/[Abs/(mg/L)] | 特征浓度/[(mg/L)/1%Abs] |
|---|---|---|---|
| | | | |

### 3. 大米中镉含量测定

| 米样号码 | 称样量/g | 稀释倍数 | 吸光度 | 浓度/(μg/mL) | 元素含量/(μg/g) |
|---|---|---|---|---|---|
| 1# | | | | | |
| 2# | | | | | |
| 3# | | | | | |

## 六、注意事项

1. 严禁未经学习或培训的人员操作微波消解系统和火焰原子吸收分光光度计，实验使用时必须有教师在场检查和指导。

2. 务必严格按照操作规程进行操作。

3. 消解罐使用前所有元件必须干燥，无颗粒物质。否则微粒和液滴将吸收微波，引起局部过热而炭化，损坏容器。

4. 避免单独使用高沸点酸（如浓 $H_2SO_4$ 等），慎用高氯酸。

5. 消解时遇到下列情况应关机停止加热，待消解罐冷却后取出进行检查和重新组装。

（1）调"零位"和"满度"时数字显示距"00"和"40"相差太远，有可能忘了在消解罐内放垫块或多放了一块垫块。

（2）第一挡压力第1min内压力上升很慢很慢，数字显示未达到"05"。

（3）压力过冲太高。

压力已达设定值，微波加热已自动停止。但压力显示还在很快上升，这就是压力过冲。压力回落到设定值时又会继续进行微波加热。但若过冲过高，密封碗从高压位至低压位间隔时间较长，往往会造成裙边收缩，造成溶样杯泄漏，则继续加热时压力升不上去。

在做化妆品、食品和生物样品时往往会出现压力过冲。为避免压力过冲过高，应进行预处理。

6. 火焰原子吸收分光光度计使用完毕后，必须用吸入蒸馏水冲洗管路。熄火时须提前关闭乙炔钢瓶开关。

## 七、思考题

1. 为什么聚乙烯醇能够起稳定剂的作用？聚乙烯醇的质量和用量在悬浮聚合中对颗粒度影响如何？

2. 如何提高共聚小球合格率？实验应注意哪些问题？

3. 聚合过程中油状单体变成黏稠状，最后变成硬的粒子现象如何解释？

4. 磺化后为什么要加烯酸逐步稀释？不是加水稀释？

5. 磺化时加入二氯乙烷的目的是什么？

6. 大米样品为何要粉碎？

7. 为何要用 KOH 调节 pH？

8. 除了阳离子交换树脂，还有哪些材料可以用作镉的富集？

# 实验32　铋膜电极差分脉冲溶出伏安法测定土壤中的锌、铅、镉

## 一、实验目的

1. 了解土壤样品的采集和预处理方法。
2. 熟悉差分脉冲溶出伏安法的基本原理。
3. 掌握铋膜电极的制备和使用方法。

## 二、实验原理

土壤是人类赖以生存的主要资源之一，也是人类生态环境的重要组成部分。随着工业的发展、城市污染的加剧和农用化学物质种类、数量的增加，土壤重金属污染日益严重。土壤重金属污染会影响植物的生长发育，进而影响农作物的产量和质量，还会污染地下水质量。分析土壤中的重金属，对于目前食品安全、水质净化发展有着重要的意义。而样品的前处理

方法是准确测定土壤中重金属含量的一个重要环节。国外许多文献对土壤样品的前处理是采用王水消解方法，而我国国家标准多采用混酸完全消解的方法。近年来，微波消解由于其简捷、快速及受基体干扰小而得到广泛应用。

重金属的测定方法有原子吸收、原子发射、电感耦合等离子体质谱和阳极溶出伏安法等。阳极溶出伏安法具有仪器简单、操作方便、灵敏度高等优点。其原理是将待测物质先用适当的方式富集在某一电极上，然后用线性电位扫描或用示差脉冲伏安法在电位扫描的过程中将其溶解下来，根据溶出过程中得到的电流-电位曲线来进行分析的方法。由于富集时间较长（2～15min），溶出时间短（10～100s），富集物在短时间内迅速溶出，给出很大的分析信号。其过程可表示为反应式(5-3)。

$$M^{2+}(Zn^{2+}, Pb^{2+}, Cd^{2+}) + 2e^- + Bi \rightleftharpoons M(Bi)$$

金属离子在铋膜电极上的溶出 (5-3)

采用玻碳电极为工作电极，采用同位镀铋膜技术。这种方法是在分析溶液中加入一定量的铋盐[通常是$10^{-5}$～$10^{-4}$ mol/L $Bi(NO_3)_2$]，在被测物质所加电压下富集时，铋与被测物质同时在玻碳电极上析出形成铋膜。然后反向扫描时，被测物质从铋中"溶出"，而产生"溶出"电流峰。

在酸性介质中，当电极电位控制在$-1.3$V时（vs SCE，以下电位均相对于 SCE），$Pb^{2+}$，$Zn^{2+}$，$Cd^{2+}$和$Bi^{2+}$同时在玻碳电极上形成铋齐膜。当阳极化扫描至$-0.3$V时，可得三个清晰的溶出电流峰。铅的峰电位约为$-0.4$V，镉的峰电位约为$-0.6$V，锌的峰电位约为$-1.1$V。本法可测定低至$10^{-11}$ mol/L的锌离子、铅离子、镉离子。

## 三、仪器与试剂

1. 仪器

MK-Ⅲ型光纤压力自控密闭微波溶样系统；LK2005A 微机电化学分析系统；玻碳电极；饱和甘汞电极；铂电极。

2. 试剂

盐酸（HCl），硝酸（$HNO_3$），氢氟酸（HF），$1.0\times10^{-4}$ mol/L $Zn^{2+}$标准储备液，$1.0\times10^{-4}$ mol/L $Pb^{2+}$标准储备液，$1.0\times10^{-4}$ mol/L $Cd^{2+}$标准储备液，$5.0\times10^{-4}$ mol/L 硝酸铋溶液，0.25mol/L HAc-NaAc 缓冲溶液。

## 四、实验步骤

1. 土壤的采样：用塑料袋取回土样，晒至半干状态，将土块压碎，去除残根、杂物，铺成薄层，经常翻动，在阴凉处使其慢慢风干。风干的土样用玻璃棒碾碎后过筛，去掉砂砾和植物残体。将上述风干细土反复按四分法弃取，最后留下100g左右的土样，进一步磨细后，通过100目筛，装于瓶中（注意在制备过程中不要被污染）。取10g左右的土样，装入样品瓶中，在105℃下烘4～5h，直至恒重。

2. 土样的消解：准确称取0.1000g左右烘干土样于聚四氟乙烯消解罐中，分别加入硝酸5mL、盐酸2mL、氢氟酸2mL，摇匀，于室温下放置0.5h。然后将其装入外罐中，拧紧盖子，放入微波消解仪中，按照表5-3的仪器条件完成操作后，待主控罐压力降到0.5MPa、温度降到80℃以下时，取出消解罐，拧开盖子，内罐在电热板上加热赶酸，慢慢加热至冒浓密白烟,待罐内溶液呈可滚动珠状,加1∶1硝酸1mL温热溶解残渣,转移至25mL容量瓶中,加相应基体改进剂1.5mL,定容,同时做1份空白试验,得空白消解液。

表5-3 微波消解工作条件

| 操作步骤 | 温度/℃ | 压力/MPa | 时间/min | 功率/W |
|---|---|---|---|---|
| 1 | 120 | 5 | 5 | 800 |
| 2 | 160 | 8 | 5 | 800 |
| 3 | 180 | 12 | 8 | 800 |
| 4 | 200 | 16 | 5 | 800 |

3. 打开电化学工作站仪器,连接好三电极。选择差分脉冲溶出伏安法,按表5-4设置好仪器参数。

4. 工作电极预处理:将玻碳电极在麂皮上抛光成镜面(或在6#金相砂纸上轻轻擦拭光亮),再用超声波依次在1∶1 HNO₃、无水乙醇和蒸馏水中洗涤1~2min,备用。

5. 试液配制:取两份10.0mL消解好的土壤溶液,置于两个25mL比色管中,分别加入5mL 0.25mol/L HAc-NaAc缓冲溶液、0.5mL $5.0\times10^{-4}$ mol/L硝酸铋溶液。在其中一支比色管中加入$1.0\times10^{-4}$ mol/L $Zn^{2+}$、$Pb^{2+}$、$Cd^{2+}$标准储备液各0.5mL,为样品加标液。另一支比色管不加标液,为样品液。两支比色管都用蒸馏水稀释至刻度,摇匀。另取10mL空白消解液于25mL比色管中,加入5mL 0.25mol/L HAc-NaAc缓冲溶液、0.5mL $5.0\times10^{-4}$ mol/L硝酸铋溶液,用水稀释至刻度,为空白液。将各溶液用氮气除氧5min后备用。

6. 将空白液加入电解池中,记录差分脉冲溶出伏安曲线,测量峰高。平行三次取平均值。

7. 按上述操作方法测定样品液和样品加标液。

差分脉冲溶出伏安法试验条件见表5-4。

表5-4 差分脉冲溶出伏安法试验条件

| 参数 | 数值 | 参数 | 数值 |
|---|---|---|---|
| 灵敏度/μA | 1 | 电位增量/V | 0.0100 |
| 滤波参数/Hz | 10 | 脉冲幅度/V | 0.0500 |
| 放大倍数 | 1 | 脉冲宽度/s | 0.5000 |
| 初始电位/V | −0.1500 | 脉冲间隔/s | 0.5000 |
| 电沉积电位/V | −1.3000 | 电沉积时间/s | 120 |
| 终止电位/V | −0.3000 | 平衡时间/s | 10 |
| 清洗电位/V | 0.3 | 清洗时间/s | 40 |

## 五、数据记录及处理

1. 各溶液中不同离子的峰电流记录表

| 离子 | $Zn^{2+}$ | $Cd^{2+}$ | $Pb^{2+}$ |
|---|---|---|---|
| 峰位置/V | | | |
| 加标液峰电流/μA | | | |
| 样品液峰电流/μA | | | |
| 空白液峰电流/μA | | | |

2. 按下式计算土壤样品液中锌、镉、铅的浓度:

$$c_x = \frac{hc_s V_s}{(H-h)V}$$

式中，$h$ 为测得的水样峰电流扣除空白后的高度；$H$ 为加入标准溶液后的峰电流扣除空白后的总高度；$c_s$ 为标准溶液浓度；$V_s$ 为加入标准溶液的体积；$V$ 为所取水样体积。

3. 按下式计算土壤中锌、镉、铅的含量（$\mu g/g$）：

$$\rho = \frac{c_x \times 2.5 \times 25 \times M_i \times 1000}{m_{土样}}$$

式中，$M_i$ 为锌、镉、铅的原子量；$m_{土样}$ 为土壤样品称样量。

## 六、注意事项

1. 消解罐使用前所有元件必须干燥，无颗粒物质。否则微粒和液滴将吸收微波，引起局部过热而炭化，损坏容器。

2. 避免单独使用高沸点酸（如浓 $H_2SO_4$ 等），慎用高氯酸。氢氟酸有较强腐蚀性，移取时应注意防护，避免接触皮肤和吸入呼吸道。

3. 消解时遇到下列情况应关机停止加热，待消解罐冷却后取出进行检查和重新组装。

(1) 调"零位"和"满度"时数字显示距"00"和"40"相差太远，有可能忘了在消解罐内放垫块或多放了一块垫块。

(2) 第一挡压力第 1min 内压力上升很慢很慢，数字显示未达到"05"。

(3) 压力过冲太高。

压力已达设定值，微波加热已自动停止。但压力显示还在很快上升，这就是压力过冲。压力回落到设定值时又会继续进行微波加热。但若过冲过高，密封碗从高压位至低压位间隔时间较长，往往会造成裙边收缩，造成溶样杯泄漏，则继续加热时压力升不上去。

## 七、思考题

1. 土壤消解为什么要用氢氟酸？

2. 溶出伏安法有哪些特点？哪几步实验应该严格控制？在样品和空白中加入硝酸铋起什么作用？

3. 差分脉冲溶出伏安法有什么特点，灵敏度如何？

# 实验 33 毛细管电泳法测定食盐和紫菜中碘离子和碘酸根含量

## 一、实验目的

1. 掌握毛细管电泳法的基本原理、结构与使用方法。
2. 掌握紫外吸收光谱检测方法。
3. 测定碘离子与碘酸根含量。

## 二、实验原理

毛细管电泳又称高效毛细管电泳（high performance capillary electrophoresis, HPCE）是一种仪器分析方法。通过施加 10~40kV 的高电压于充有缓冲液的极细毛细管，对液体中离子或荷电粒子进行高效、快速地分离。现在，HPCE 已广泛应用于氨基酸、蛋白质、多肽、低聚核苷酸、DNA 等生物分子分离分析，药物分析，临床分析，无机离子分析，有机分子分析，糖和低聚糖分析及高聚物和粒子的分离分析。人类基因组工程中 DNA 的分离是用毛细管电泳仪进行的。

1. 仪器结构

毛细管电泳较高效液相色谱有较多的优点。其中之一是仪器结构简单（见图 5-1）。它包括一个高电压源，一根毛细管，紫外检测器及计算机处理数据装置。另有两个供毛细管两端插入而又可和电源相连的缓冲液池。

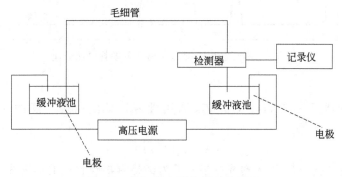

图 5-1　毛细管电泳仪器结构示意

2. 分离原理

毛细管中的带电粒子在电场的作用下，一方面发生定向移动的电泳迁移；另一方面，由于电泳过程伴随电渗现象，粒子的运动速度还明显受到溶液电渗流速度的影响。粒子的实际流速 $V$ 是泳流速度 $V_{ep}$ 和渗流速度 $V_{eo}$ 的矢量和。即：

$$V=V_{ep}+V_{eo} \tag{5-4}$$

电渗是一种液体相对于带电的管壁移动的现象。溶液的这一运动是由硅/水表面的 Zeta 势引起的。CE 通常采用的石英毛细管柱表面一般情况下（pH＞3）带负电。当它和溶液接触时，双电层中产生了过剩的阳离子。高电压下这些水合阳离子向阴极迁移形成一个扁平的塞子流，如图 5-2 所示，毛细管管壁的带电状态可以进行修饰，管壁吸附阴离子表面活性剂增加电渗流，管壁吸附阳离子表面活性剂减少电渗流甚至改变电渗流的方向。

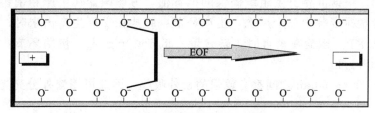

图 5-2　电渗流（EOF）示意

毛细管区带电泳（CZE）也称自由溶液电泳，是 HPCE 中最基本也是应用最广的一种模式，它是基于分析物表面电荷密度的差别进行分离的。实验中，在毛细管和电解池中充以相同的缓冲液，样品用电迁移或流体动力学法从毛细管一端导入，加入电压后，样品离子在电场力驱动下以不同的泳动速度迁移至检测器端，形成不连续的移动区带分离出来。图 5-3 是不同电荷密度的阳离子到达检测端的信号。操作电压、缓冲液的选择及其浓度和 pH、进样的电压和时间等都是 CZE 操作的重要参量，合理优化选择柱温、分离时间、柱尺寸、进样和检测体积、溶质吸附和样品浓度等也将大大提高柱效。CZE 中还可通过改变电渗流的方向来选择分析待测的离子。

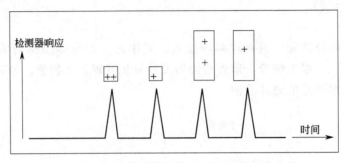

图 5-3　不同电荷密度的阳离子毛细管电泳分离

3. 紫外检测

本仪器的检测器是 UV-Vis。UV-Vis 通用性好，是使用最广泛的一种检测器。由朗伯-比耳定律：

$$A = \lg(I_0/I) \tag{5-5}$$

式中，$A$ 为吸光度；$I_0$ 为入射光强度；$I$ 为经检测物吸收后的透射光强度。

在固定的实验条件下，

$$A = K'c \tag{5-6}$$

式(5-6)就是定量分析的基础。定量方法可用标准曲线法等。小内径毛细管限制了光吸收型检测器的灵敏度。一般检测限不低于 $10^{-6}$ mol/L。

4. 碘及补碘

碘是一种人类乃至各种生物所必需的微量元素，人们通常可以在多种食物来源中摄取。但碘在土壤中的含量因地方而异，在土壤碘含量低下的地区，人们可能无法从蔬菜中摄取到足够的碘。人体如果缺少碘，将会造成碘缺乏病，目前正影响着全球大约 20 亿人口，在许多国家，碘缺乏病是主要的可预防公众疾病之一。缺碘可以造成以下危害：智力发育迟缓（如地方性呆小症）；孕妇早产、流产和先天畸形儿，影响胎儿大脑的正常发育；地方性甲状腺肿（大脖子病，大颈泡）。碘摄入过多也会造成下列疾病：碘致甲状腺肿；碘致甲亢；甲状腺功能低下；桥本甲状腺炎；碘过敏和碘中毒。目前的加碘食用盐工业中多使用碘酸钾作为加碘用添加剂。根据世界卫生组织提供的推荐值，考虑碘盐在生产和销售过程中的碘损耗，我国将碘含量标准分为三个层次，生产环节：碘盐在工厂生产出来时，碘含量不低于 40mg/kg；流通环节：碘盐在销售时，碘含量不低于 30mg/kg；使用环节：消费者使用碘盐时，碘含量 20mg/kg。

$I^-$ 和 $I_3^-$ 在 200～260nm 之间都有较强的紫外吸收，因此可用紫外分光光度法测定碘化钾和碘酸钾。

## 三、仪器与试剂

1. 仪器

1229 型高效毛细管电泳仪；石英毛细管柱 50cm×50μm；色谱工作站；PHS-3C 数字酸度计；离心机；超声波清洗器；超纯水仪器；食品粉碎机；比色管。

2. 试剂

碘化钾、碘酸钾、四硼酸钠、氢氧化钠等试剂均为高纯试剂；经过滤的水［由于 HPCE

用的毛细管内径多为 25～100μm，要求所有样品、缓冲液及冲洗液都必须经微孔滤膜（孔径 0.45μm）过滤]。

10mmol/L 十水四硼酸钠缓冲液。

3. 1mg/mL 碘化钾碘酸钾混合标准储备液的配制

分别称取 0.3268g 碘化钾和 0.3057g 碘酸钾，溶于 250mL 过滤水中，定容。

4. 样品处理

称取 0.1g 食盐，用 10mmol/L 硼砂溶解，过 0.45μm 滤膜待测。

将干紫菜用食品粉碎机粉碎后，准确称量 0.1g 试样，倒入 50mL 离心管，加 10mmol/L 硼砂 10mL，摇匀后，在振荡器中振荡 30min。然后放入离心机中，在 3500r/min 转速下离心分离 10min，取上清液过 0.45μm 滤膜后待测。

## 四、实验步骤

1. 电泳条件

毛细管柱在使用前分别用 0.1mol 的 NaOH 溶液和二次蒸馏水及缓冲液冲洗 3min 后，在运行电压下平衡 10min。以后每次进样前均用缓冲液冲柱，在运行电压下平衡 5min。

本实验采用电迁移进样（-10kV、10s）。低压端进样，高压端检测，-15kV 的工作电压。检测波长为 210nm。

2. 碘离子和碘酸根混合标准溶液的测定

分别移取 0.05mL、0.1mL、0.2mL、0.5mL、1mL、2mL、5mL 碘化钾碘酸钾混合标准储备液于 10mL 比色管中，用过滤水稀释至刻度，配成浓度分别为 0.005mg/mL、0.01mg/mL、0.02mg/mL、0.05mg/mL、0.1mg/mL、0.2mg/mL 和 0.5mg/mL 的含碘离子和碘酸根的混合标准溶液。将各标准溶液分别在毛细管电泳仪上测定，每个浓度平行测三次。

3. 食盐和紫菜中碘离子和碘酸根的测定

（1）取食盐溶液，在上述的电泳条件下对样品溶液进行测定，平行测三次。

（2）取紫菜提取液，在上述的电泳条件下对样品溶液进行测定，平行测三次。

4. 数据采集

打开色谱工作站软件。把电压上升到 -15kV，立即点击主界面的绿色图标——谱图采集，开始谱图采集。在进样之前把屏幕调到色谱工作站的主界面。点击主界面的红色图标——手动停止，可以停止谱图采集。然后将文件起名并保存在指定的文件夹。

## 五、数据记录及处理

1. 碘离子和碘酸根标准曲线的绘制

从色谱工作站打开保存的文件，通过调节参数表里的满屏量程和满屏时间，把谱图调到最佳。当需要改动起始峰宽水平时，还要按"再处理"这个图标。把谱图调到最佳后，点击定量组分，出现一张表格。选中"套峰时间"下的一个空格，再用鼠标右键点击需要研究的峰的内部，弹出一个菜单，点击自动填写"定量组分"表中套峰时间。然后输进样品的浓度，点击"定量方法"，点击"计算校正因子"，点击屏幕上的"定量计算"图标，点击"定量结果表"，出现校正因子和峰面积，记录校正因子和峰面积。点击"定量结果"，在定量结果表格里输入组分名称、浓度、平均校正因子、平均峰面积。点击"当前表"存档,重复上述操作,存入七档数据。然后点击"定量方法",点击工作曲线中的"计算",再点击"显示"。显示出峰面积-浓度的线性关系图和峰面积-浓度的方程。然后把标准曲线复制到 word 文档里。

2. 将样品中碘离子和碘酸根峰面积的平均值代入峰面积-浓度方程,求得碘离子和碘酸根的浓度。

峰面积-浓度的方程为_____。碘离子峰面积的平均值为_____。
碘酸根峰面积的平均值为_____。

## 六、思考题

1. 毛细管电泳仪的分离原理是什么?
2. 说明毛细管电泳法的特点及应用。

### 参考文献

[1] 潘祖仁. 高分子化学[M]. 北京:化学工业出版社,2003.
[2] 强根荣,王红,盛卫坚. 综合化学实验[M]. 北京:化学工业出版社,2010:78-82.
[3] 王京文,徐文,周航,张莉丽. 土壤样品中重金属消解方法的探讨[J]. 浙江农业科学,2007(2):223-225.

# 第六章　设计实验——苹果汁的组成分析

随着食品的数量与种类日益丰富，人们对食品的要求和对食品安全的认知也不断提高。食品分析技术成为食品安全保障不可或缺的重要组成部分。食品分析包括营养成分的分析、添加剂的分析和有害物质分析。目前我国针对各种食品分析项目和内容制定了详细的国家标准，如中华人民共和国卫生部 2010 年发布的食品安全国家标准。食品分析检验技术也是各检测机构、科研院所所关注的重要研究方向。各种高灵敏度、高选择性、快速、准确的新方法不断地被研究。因此，食品分析作为高校化学及相关专业的学生仪器分析实验的设计实验内容具有较好的实用性和探索性。

果蔬汁是现代社会非常流行的饮品，含有丰富的维生素、矿物质、微量元素等，具有极高的营养、保健功能。本章以苹果汁的成分分析为例，让学生了解、掌握一些基本的食品分析内容和分析技术。如酸类物质的测定，氨基酸、维生素、添加剂的测定，营养元素、农药残留的测定等。

学生根据实验目的和要求，通过查阅国标或相关文献，确定分析方法，设计实验步骤，确定所需仪器和试剂，并在教师指导下准备试剂、配制溶液、完成各步实验操作，并对实验数据进行处理和分析，得出实验结论，撰写实验报告。

实验安排及程序如下所述。

1. 每组 4 人，选一人为组长，由组长分配具体任务。
2. 选择、确定具体实验内容，利用两天时间查阅相关文献。要求首选国家颁布标准，后选部颁标准、经典方法。
3. 将拟定的分析方法、分析步骤、所用仪器、试剂、辅助用品及数量清单于第三日交给老师审阅、指导；然后到实验室办理借用手续。
4. 每个实验时间约为 4 个学时，各组要合理安排实验内容。
5. 所用试剂、药品自行配制，并及时记录实验现象和实验数据。
6. 实验结束后整理仪器、用品和实验台，检查所用仪器是否正常，经老师检查、确认签字后，将所借的用具设备、所生的试剂交还实验室，值日生应认真打扫实验室，填写好实验室日志，交实验室验收、签字。
7. 设计实验记录表格，并分析结果，完成实验报告，每人一份。实验报告应有班级、姓名、学号、实验时间、实验地点、实验内容、实验方法、程序、测定数据及处理方法、有关计算公式、测定精密度（用相对标准偏差 RSD/% 表示）、实验建议等内容。

## 实验 34　紫外吸收光谱测定苹果汁中的苯甲酸

### 一、实验目的

1. 掌握紫外吸收光谱仪的基本构造和一般使用方法。

2. 熟悉样品中苯甲酸含量的测定方法。

## 二、实验原理

苯甲酸根在225nm处有最大吸收峰，其吸光度与浓度的关系服从朗伯-比尔定律$A=\varepsilon bc$。采用标准曲线法可对饮料中的苯甲酸含量进行定量分析。最终结果应以 $\mu g/mL$ 表示。

## 三、仪器与试剂

1. 仪器

UV-4802紫外-可见分光光度计，带盖石英比色皿（1.0cm），超声波清洗器。

2. 试剂

NaOH、苯甲酸钠、苹果汁。

## 四、实验步骤

根据要求自行设计。

## 五、数据记录及处理

根据要求自行设计。

## 六、注意事项

1. 试样和工作曲线测定的实验条件应完全一致。
2. 不同牌号的饮料中苯甲酸钠含量不同，移取的样品量可酌量增减。

## 七、思考题

1. 紫外分光光度计由哪些部件构成？各有什么作用？
2. 本实验为什么要用石英比色皿？为什么不能用玻璃比色皿？
3. 为什么要在碱性条件下测定苯甲酸吸光度？

# 实验35 苹果汁中氨基态氮的测定方法（甲醛值法）

## 一、实验目的

1. 了解氨基酸的测定方法。
2. 掌握电位滴定法的测定原理和操作。

## 二、实验原理

氨基酸是含有氨基和羧基的一类有机化合物的通称。见生物功能大分子蛋白质的基本组成单位，是构成动物营养所需蛋白质的基本物质。氨基酸态氮指的是以氨基酸形式存在的氮元素的含量。该指标越高，说明产品中的氨基酸含量越高，营养越好。氨基酸为两性电解质。当甲醛溶液加入后，与中性的氨基酸中的非解离型氨基反应，生成单羟甲基和二羟甲基诱导体,此反应完全定量进行。此时放出氢离子可用标准碱液滴定,采用电位滴定法确定终点。根据碱液的消耗量,计算出氨基态氮的含量。其离子反应式如式(6-1)所示。

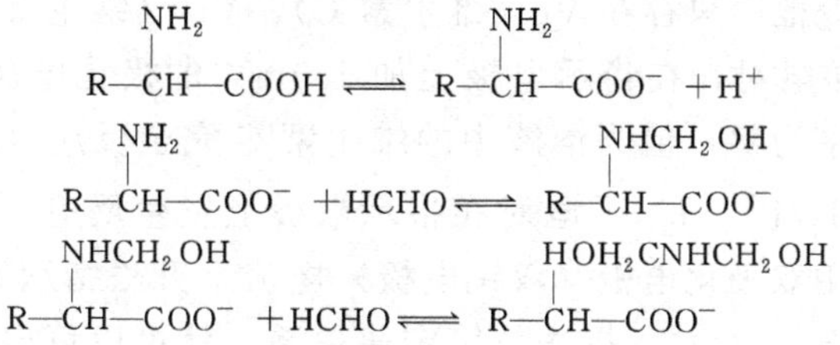

$$R-\underset{NH_2}{\underset{|}{CH}}-COOH \rightleftharpoons R-\underset{NH_2}{\underset{|}{CH}}-COO^- + H^+$$

$$R-\underset{NH_2}{\underset{|}{CH}}-COO^- + HCHO \rightleftharpoons R-\underset{NHCH_2OH}{\underset{|}{CH}}-COO^-$$

$$R-\underset{NHCH_2OH}{\underset{|}{CH}}-COO^- + HCHO \rightleftharpoons R-\underset{HOH_2CNHCH_2OH}{\underset{|}{CH}}-COO^-$$

氨基酸甲醛化反应

### 三、仪器与试剂

1. 仪器

酸度计;电磁搅拌器;玻璃电极和甘汞电极。

2. 试剂

30%过氧化氢;中性甲醛溶液;氢氧化钠;标准缓冲溶液。

### 四、实验步骤

根据要求自行设计。

### 五、数据记录及处理

根据要求自行设计

### 六、注意事项

溶液搅拌要充分。

### 七、思考题

1. 甲醛值法测定氨基酸态氮有什么优缺点?
2. 为什么 pH 值调到 7.5 以后才能用 0.05mol/L 氢氧化钠标准滴定溶液滴定氨基酸中的氨态氮?

## 实验36 库仑滴定法测定苹果汁中的维生素C

### 一、实验目的

1. 学习和掌握库仑滴定法的基本原理。
2. 练习简易库仑滴定仪的安装、使用和滴定操作。
3. 掌握维生素C含量的测定方法。

### 二、实验原理

维生素C又名抗坏血酸,是人体不可缺少的重要物质。维生素C具有还原性,可以用氧化剂进行定量滴定。本实验采用电解 KI 溶液生成的 $I_2$ 作为滴定剂与果汁中的维生素 C 定量反应，根据电解过程消耗的电量计算维生素 C 的含量。利用电流滴定法确定终点时，在到达计量点前，由于库仑池中只存在 Vc（维生素 C）、Vc′（维生素 C 的氧化产物）和 $I^-$，而 Vc′/Vc 是一对不可逆电对，在指示电极上加 150mV 的极化电压下，不发生电极反应，所以指示回路上电流几乎为零；但当溶液中的维生素 C 完全反应（终点）后，稍过量的 $I_2$ 使溶液中有了可逆电对 $I_2/I^-$。$I_2/I^-$ 电对在指示电极上发生反应，指示回路电流升高，指示终点到达。本实验利用双极化电极（双铂电极）电流上升法指示终点（永停终点法）。记录电解过程中所消耗的电量（Q），按法拉第定律关系，就可以算出发生电解反应的物质的量，按照维生素 C 与 $I_2$ 反应的计量关系求得果汁中维生素 C 的量。

电极反应和化学反应如下。

电极反应：$\quad 2I^- - 2e^- = I_2$

滴定反应：$\quad Vc + I_2 = Vc' + 2I^-$

其中 Vc（维生素 C）结构式为：

Vc′（维生素 C 的氧化产物）结构式为：

## 三、仪器与试剂

1. 仪器

KLT-1 型通用库仑仪及库仑池、磁力搅拌器。

2. 试剂

KI、HCl 溶液；苹果汁饮料。

## 四、实验步骤

根据要求自行设计。

## 五、数据记录及处理

根据要求自行设计。

## 六、注意事项

1. 维生素 C 在水溶液中易被溶解氧所氧化，但在酸性 NaCl 溶液中较稳定，放置 8h 的偏差为 0.5%～0.6%。若所用的蒸馏水预先用 $N_2$ 除氧，效果更好。

2. 本法采用两次终点法，将底液处在终点状态，加试样溶液后电解滴定到相同终点以消除系统误差。

3. 接线正负端不可接反。电解电流不宜过大，电解过程中溶液要保持有效搅拌。

4. 电解液以一次性使用为宜，多次反复加入试液会产生较大的误差。

## 七、思考题

1. 讨论本实验滴定中可能的误差来源及其预防措施。
2. 为什么在加入果汁试液前，先要进行预电解。

# 实验 37　苹果汁中 K 离子的测定

## 一、实验目的

1. 了解 K 离子的测定方法。
2. 掌握原子吸收光谱法测定 K 离子的原理和分析方法。
3. 熟悉、掌握原子吸收光谱仪的操作步骤。

## 二、实验原理

钾是人体内不可缺少的常量元素，一般成年人体内约含钾元素 150g，其作用主要是维持神经、肌肉的正常功能。因此，人体一旦缺钾，正常的运动就会受到影响。缺钾不仅精力和体力下降，而且耐热能力也会降低，使人感到倦怠无力。严重缺钾时，可导致人体内酸碱平衡失调、代谢紊乱、心律失常、全身肌肉无力、懒动。钾的作用是：①调节细胞内适宜的渗透压；②调节体液的酸碱平衡；③参与细胞内糖和蛋白质的代谢；④维持正常的神经兴奋性和心肌运动；⑤在摄入高钠而导致高血压时，钾具有降血压作用。缺钾会产生的病症：钾缺乏可引起心跳不规律和加速、心电图异常、肌肉衰弱和烦躁，最后导致心搏停止。

$K^+$ 的测定方法有原子吸收法、离子色谱法、离子选择性电极法等。其中原子吸收光谱法测定 $K^+$ 灵敏度较高，应用最广。

## 三、仪器与试剂

1. 仪器

MK-Ⅲ型光纤压力自控密闭微波溶样系统；Vario6 原子吸收分光光度计；钾空心阴极灯；JUN-AIR 空气压缩机；乙炔钢瓶及调压器；移液管和比色管。

2. 试剂

$HNO_3$（GR）：浓、1%、10%；$H_2O_2$（AR）；KCl；NaCl；（1+1）HCl；试剂配制方法自行设计。

3. 主要实验条件

原子吸收光谱仪的操作条件及微波消解的操作条件自行设计。

## 四、实验步骤

根据要求自行设计。

## 五、数据记录及处理

根据要求自行设计。

## 六、注意事项

1. 清洁度

原子吸收光谱分析待测元素含量一般很低，实验室的环境和器皿对测定影响较大。实验室应严格保持清洁；器皿洗干净后要用（1+3）$HNO_3$ 浸泡过夜，使用前先用自来水冲洗，再依次用蒸馏水、高纯水洗干净备用。

2. 高压密闭微波消解系统的安全使用

密闭微波消解样品是将试样和溶剂盛放在密闭容器里进行微波加热，容易产生高压、超压。如果处理方法和操作不当，就可能会发生消解罐爆裂或烧坏，严重的会发生消解罐爆炸的危险。

（1）严禁未经学习或培训的人员操作微波消解系统，实验使用时必须有教师在场检查和指导。

（2）务必严格按照操作规程进行操作。

3. 乙炔气体的安全使用

（1）正确操作钢瓶减压阀，总阀门旋开不应超过 1.5 转，防止丙酮逸出。出气阀顺时针为"开"，出气压力一般为 0.1MPa，不能超过 0.15MPa。

（2）防止回火：废液瓶应盖紧，不能漏气；减压阀出口端安装回火阻止器。

（3）阀门和所有进出气管路均不能漏气，用毕及时关好。

4. 标准溶液测定从稀到浓，换上未知样前要用水洗，避免记忆效应。

## 七、思考题

1. 如何消除钾离子的电离干扰？应如何配制底液？
2. 微波消解与湿法消解样品相比有什么优点？

# 实验 38　苹果汁中有机酸的分析

## 一、实验目的

1. 了解有机酸的分析方法。
2. 掌握高效液相色谱的内标法定量方法。
3. 掌握高效液相色谱的仪器操作。

## 二、实验原理

苹果中的有机酸主要是苹果酸和柠檬酸。在酸性流动相条件下（如 pH＝2～5），上述有机酸的离解得到抑制，利用分子状态的有机酸的疏水性，使其在 $C_{18}$ 键合相色谱柱中能够保留。由于不同有机酸的疏水性不同，疏水性大的有机酸在固定相中保留强，较晚流出色谱柱，否则较早流出，从而使各组分得到分离。

采用内标法对苹果汁中的苹果酸和柠檬酸进行定量分析。选择酒石酸为内标物，在波长210nm采用紫外检测器进行检测。

### 三、仪器与试剂

1. 仪器

Agilent 1100 高效液相色谱仪、ODS（I.D. 4.0mm×L125mm）色谱柱、紫外检测器。

2. 试剂

磷酸二氢铵（优级纯），苹果酸（优级纯），柠檬酸、酒石酸皆为优级纯，重蒸去离子水。苹果汁（市售）。

### 四、实验步骤

根据要求自行设计。

### 五、数据记录及处理

1. 计算3种有机酸的校正因子和分离度。
2. 按外标法计算苹果汁中苹果酸和柠檬酸的含量。
3. 以酒石酸为内标物，按内标法计算苹果汁中苹果酸和柠檬酸的含量，与外标法的结果进行比较，并加以讨论。

### 六、注意事项

1. 配制样品时，称量一定要准确。
2. 实验结束后以纯水为流动相，冲洗色谱柱，以避免柱的堵塞。

### 七、思考题

1. 假设以50%的甲醇-水或50%乙腈-水为流动相，苹果酸、柠檬酸的保留值会如何变化？
2. 流动相中磷酸二氢铵的浓度变化，对组分分离有什么影响？
3. 针对苹果汁中苹果酸和柠檬酸的分析，说明外标法定量和内标法定量的优缺点。

## 实验39 苹果汁中有机磷农药残留的测定

### 一、实验目的

1. 了解和掌握有机磷农药残留的气相色谱检测技术。
2. 了解固相微萃取样品预富集技术。

## 二、实验原理

有机磷杀虫剂（OPPs）具有广谱、高效、残留毒期短等特点，在我国的使用已有 30 多年历史，主要应用于水果、蔬菜、棉花和粮食作物，由于其毒性高、使用广泛，其污染和检测方法的研究日益活跃。目前，有机磷农药残留的检测主要采用气相色谱毛细管柱分离，火焰光度检测器进行检测。在检测过程中，前处理往往是决定方法优劣至关重要的一步，提取和净化的选取对检测结果有较大影响。食品中有机磷农药分析的前处理方法主要有液-液萃取（LLE）、超临界流体萃取（SFE）、固相萃取（SPE）等。需要使用大量有机溶剂，步骤繁琐、耗时过长、危害实验人员健康。在有效除去干扰物的前提下很难同时提取出多种残留农药。

固相微萃取（SPME）是一种基于吸附和解吸的样品前处理技术，采用混合溶剂提取，固相萃取净化，然后采用气相色谱毛细管柱分析，其背景干扰物少、溶剂消耗少、分离效果好，且灵敏准确、快速简便。与色谱技术结合，目前已应用于水、饮料、水果等体系中有机磷农药残留的分析。

固相微萃取装置类似于一支气相色谱的微量进样器，如图 6-1 所示。萃取头是在一根石英纤维上涂上固相微萃取涂层，外套细不锈钢管以保护石英纤维不被折断，纤维头可在钢管内伸缩。将纤维头浸入样品溶液中或顶空气体中一段时间，同时搅拌溶液以加速两相间达到平衡的速度，待平衡后将纤维头取出插入气相色谱汽化室，热解吸涂层上吸附的物质。被萃取物在汽化室内解吸后，靠流动相将其导入色谱柱，完成提取、分离、浓缩的全过程。在 SPME 过程中，涂层对样品基质和待测物存在竞争吸附，根据

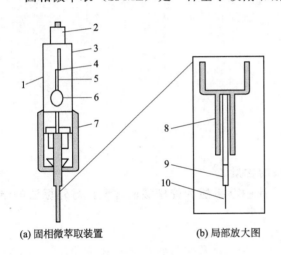

图 6-1 固相微萃取装置示意
1—手柄；2—活塞；3—外套；4—活塞固定螺杆；
5—Z沟槽；6—连接器观察口；7—可调针头导轨/深度标记；
8—隔垫穿孔针头（不锈钢管）；9—纤维固定管（不锈钢丝）；
10—弹性硅纤维涂层

"相似相溶"原理，分析不同极性的待测物要用不同极性的高分子涂层进行萃取，才可达到对待测物的最大萃取量。

## 三、仪器与试剂

### 1. 仪器

SP-6800A 气相色谱仪带火焰光度检测器（FPD）、热解析仪；HP-5 石英毛细管柱（30m×0.53mm，2.65μm，美国惠普公司）；SPME 装置及涂层为 85μm 聚丙烯酸酯（polyacrylate，PA）和涂层为 5μm 的聚二甲基硅氧烷（polydimethylsiloxane，PDMS）石英纤维萃取头（长约 1.0cm，用时将 PA 萃取头在 300℃进样口活化 2.0h，PDMS 萃取头在 320℃活化 1.0h）。4.0 mL 样品小瓶。

色谱参考条件：根据要求自行设计。

2. 试剂

浓缩苹果汁；丙酮、氯化钠均为分析纯；去离子水；有机磷农药标准品：甲胺磷、乙酰甲胺磷、水胺硫磷；毒死蜱（100μg/mL，国家标准物质研究中心）。

标准溶液的制备：根据要求自行设计。

## 四、实验步骤

根据要求自行设计。

## 五、数据记录及处理

1. 标准溶液各有机磷组分的峰面积记录。
2. 以各组分的峰面积对质量浓度绘制标准曲线，得出线性方程及相关系数。
3. 苹果汁中各有机磷组分的峰面积记录。

根据苹果汁样品中各有机磷组分峰面积，分别在标准曲线中查出苹果汁样品中各组分的浓度（μg/kg）。

## 六、注意事项

1. 搅拌速度会影响萃取的效率，因此样品处理时搅拌需充分。
2. 固相微萃取装置较为精密，使用时应按照教师的指导，仔细操作。

## 七、思考题

1. 苹果汁样品处理时为什么要加入 NaCl？
2. 为使萃取效率提高，固相微萃取头的涂层应如何选择？

# 附录  设计实验参考讲义

## 实验34 紫外吸收光谱测定苹果汁中的苯甲酸

### 一、实验目的

1. 掌握紫外吸收光谱仪的基本构造和一般使用方法。
2. 熟悉样品中苯甲酸含量的测定方法。

### 二、实验原理

苯甲酸根在225nm处有最大吸收峰,其吸光度与浓度的关系服从朗伯-比尔定律 $A=\varepsilon bc$。采用标准曲线法可对饮料中的苯甲酸含量进行定量分析。最终结果应以 $\mu g/mL$ 表示。

### 三、仪器与试剂

1. 仪器

UV-4802紫外-可见分光光度计,带盖石英比色皿(1.0cm),超声波清洗器。

2. 试剂

NaOH、苯甲酸钠,苹果汁。

### 四、实验步骤

1. 系列标准溶液的制备。取 $2\mu g/mL$ 苯甲酸钠溶液 0.00mL、1.00mL、2.00mL、3.00mL、4.00mL、5.00mL分别置于10mL的比色管中,各加入0.1mol/L NaOH溶液1.00mL,用水稀释至刻度,摇匀,待测。

2. 以试剂空白为参比,用1cm石英比色皿在波长225nm处测定各标准溶液的吸光度。记录数据,制作苯甲酸钠的 $A$-$c$ 标准曲线。

3. 准确移取苹果汁0.50mL于10mL容量瓶中,用超声波脱气5min以驱赶二氧化碳,加入0.1mol/L NaOH溶液1.00mL,用水稀释至刻度,摇匀,配成样品溶液。

4. 以试剂空白为参比,用1cm石英比色皿在波长225nm处测定样品溶液的吸光度 $A_x$。

5. 根据 $A_x$，从 $A\text{-}c$ 标准曲线上查出 $c_x$ 值，求出样品中苯甲酸钠的含量。

## 五、注意事项

试样和工作曲线测定的实验条件应完全一致。

## 六、数据记录及处理

1. 苯甲酸标准溶液吸光度

| 浓度/($\mu$g/mL) | 0 | 0.2 | 0.4 | 0.6 | 0.8 | 1.0 |
|---|---|---|---|---|---|---|
| 吸光度 $A$ | | | | | | |

2. 样品液吸光度。计算苹果汁中苯甲酸钠浓度为（$\mu$g/mL）。

## 七、思考题

1. 本实验为什么要用石英比色皿？为什么不能用玻璃比色皿？
2. 为什么要在碱性条件下测定苯甲酸吸光度？

# 实验35　苹果汁中氨基态氮的测定方法（甲醛值法）

## 一、实验目的

1. 了解氨基酸的测定方法。
2. 掌握电位滴定法的测定原理和操作。

## 二、实验原理

氨基酸是含有氨基和羧基的一类有机化合物的通称。是生物功能大分子蛋白质的基本组成单位，是构成动物营养所需蛋白质的基本物质。氨基酸态氮指的是以氨基酸形式存在的氮元素的含量。该指标越高，说明产品中的氨基酸含量越高，营养越好。氨基酸为两性电解质。当甲醛溶液加入后，与中性的氨基酸中的非解离型氨基反应，生成单羟甲基和二羟甲基诱导体，此反应完全定量进行。此时放出氢离子可用标准碱液滴定，根据碱液的消耗量，计算出氨基态氮的含量。其离子反应式如式(6-1)所示。

$$\begin{aligned}
&\text{R—CH(NH}_2\text{)—COOH} \rightleftharpoons \text{R—CH(NH}_2\text{)—COO}^- + \text{H}^+ \\
&\text{R—CH(NH}_2\text{)—COO}^- + \text{HCHO} \rightleftharpoons \text{R—CH(NHCH}_2\text{OH)—COO}^- \\
&\text{R—CH(NHCH}_2\text{OH)—COO}^- + \text{HCHO} \rightleftharpoons \text{R—CH(N(CH}_2\text{OH)}_2\text{)—COO}^-
\end{aligned} \quad (6\text{-}1)$$

氨基酸甲醛化反应

## 三、仪器与试剂

1. 仪器

酸度计；电磁搅拌器；玻璃电极和甘汞电极。

2. 试剂

30%过氧化氢。

中性甲醛溶液：量取20.0mL甲醛溶液于400mL烧杯中，置于电磁搅拌器上，边搅拌边用0.05mol/L氢氧化钠溶液调至pH=8.1。

氢氧化钠标准溶液：0.1mol/L，用邻苯二甲酸氢钾标定。

氢氧化钠标准滴定溶液：0.05mol/L，用0.1mol/L的氢氧化钠标准溶液当天稀释。

pH=6.8缓冲溶液。

## 四、实验步骤

1. 酸度计接通电源，预热30min后，用pH=6.8的缓冲溶液校正酸度计。

2. 取25mL苹果汁（氨基态氮的含量为1~5mg）于烧杯中，加5滴30%过氧化氢。将烧杯置于电磁搅拌器上，电极插入烧杯内试样中适当位置。

3. 开动电磁搅拌器，先用0.1mol/L氢氧化钠标准溶液中和试样中的有机酸。当pH值达到7.5左右时，再用0.05mol/L氢氧化钠标准滴定溶液滴定至pH=8.1，并保持1min不变。然后慢慢加入10~15mL中性甲醛溶液。1min后用0.05mol/L氢氧化钠标准滴定溶液滴定至pH=8.1。记录消耗0.05mol/L氢氧化钠标准滴定溶液的毫升数。

## 五、数据记录及处理

试样中氨基态氮含量按式(6-2)计算。

$$x = \frac{cVK \times 14}{m} \times 100 \tag{6-2}$$

式中　　$x$——每100g试样中氨基态氮的毫克数，mg/100g；

　　　　$c$——氢氧化钠标准滴定溶液的浓度，mol/L；

　　　　$V$——加入中性甲醛溶液后，滴定试样消耗0.05mol/L氢氧化钠标准滴定溶液的体积，mL；

　　　　$K$——稀释倍数；

　　　　$m$——试样的质量或体积，g或mL。

## 六、注意事项

溶液搅拌要充分。

## 七、思考题

1. 甲醛值法测定氨基态氮有什么优缺点？

2. 为什么 pH 值调到 7.5 以后才能用 0.05mol/L 氢氧化钠标准滴定溶液滴定氨基酸中的氨态氮？

# 实验 36　库仑滴定法测定苹果汁中的维生素 C

## 一、实验目的

1. 学习和掌握库仑滴定法的基本原理。
2. 练习简易库仑滴定仪的安装、使用和滴定操作。
3. 掌握维生素 C 含量的测定方法。

## 二、实验原理

维生素 C 又名抗坏血酸，是人体不可缺少的重要物质。维生素 C 具有还原性，可以用氧化剂进行定量滴定。本实验采用电解 KI 溶液生成的 $I_2$ 作为滴定剂与果汁中的维生素 C 定量反应，根据电解过程消耗的电量计算维生素 C 的含量。利用电流滴定法确定终点时，在到达计量点前，由于库仑池中只存在 Vc（维生素 C）、Vc′（维生素 C 的氧化产物）和 $I^-$，而 Vc′/Vc 是一对不可逆电对，在指示电极上加 150mV 的极化电压下，不发生电极反应，所以指示回路上电流几乎为零；但当溶液中的维生素 C 完全反应（终点）后，稍过量的 $I_2$ 使溶液中有了可逆电对 $I_2/I^-$。$I_2/I^-$ 电对在指示电极上发生反应，指示回路电流升高，指示终点到达。本实验利用双极化电极（双铂电极）电流上升法指示终点（永停终点法）。记录电解过程中所消耗的电量（$Q$），按法拉第定律关系，就可以算出发生电解反应的物质的量，按照维生素 C 与 $I_2$ 反应的计量关系求得果汁中维生素 C 的量。

电极反应和化学反应如下

电极反应：$\qquad 2I^- - 2e^- = I_2$

滴定反应：$\qquad Vc + I_2 = Vc' + 2I^-$

其中 Vc（维生素 C）结构式为：　　　　Vc′（维生素 C 的氧化产物）结构式为：

计算公式为：$m = QM_{Vc}/nF$

式中，$m$，$M_{Vc}$ 分别代表被测物维生素 C 的质量，分子量（或原子量）；$n$ 为电极反应的电子转移数；$Q$ 为库仑滴定过程中所消耗的电解电量；$F$ 为法拉第常数。库仑滴定反应的终点可以用指示剂，电位法或电流法来指示。影响测定精度的主要因素是终点确定、电量的精确测定和电流效率必须为 100%，即通过电解池的电流全部用于电解被测定的物质。

为了保证 100% 电流效率，在试液中加入大量 KI。电解对其浓度影响很小，因而不需在电解过程中增加电解电压，从而避免了在直接由恒电流电解被测离子情况下，待测离子浓度降低而需增加电解电压而引起的副反应。此外，在电解池中采用大面积铂片电极，加强搅拌等措施避免浓差极化产生。

## 三、仪器与试剂

1. 仪器

KLT-1 型通用库仑仪及库仑池、磁力搅拌器。

2. 试剂

2.0mol/L KI、0.1mol/L HCl 溶液；苹果汁饮料。

## 四、实验步骤

1. 取 4.0mL 2.0mol/L KI 和 8mL HCl 置于库仑池内，用水稀释到 80mL，搅匀。取少部分 HCl 溶液注入砂芯隔离的对电极池内并使液面高于库仑池内的液面。

2. 按仪器说明书检查仪器各键是否处于初始状态，然后打开电源预热 25~30min，连接电解线路正端到库仑池双铂片工作电极，负端接到铂丝对电极。分别连接指示线路的正、负端到两个铂片指示电极上（见图 3-4）。

3. 选用电流上升法指示终点。按下电流键、上升指示键、调节补偿器到 0.3 圈左右，使施加于指示电极间的电压约为 150mV。将量程选择开关置于 5mA 或 10mA 处，松开电极电位。

4. 先用滴管滴加 3~4 滴果汁样品试液于库仑池内，开启电池搅拌器，将状态挡置于工作，按下启动键、电解开关。指示灯熄灭表示电解开始，当电解到达终点时指示灯亮，电解自动停止。弹起启动键，显示器数值自动消除，这一步起着校正终点的作用。

5. 用微量移液管准确移取 0.5mL 果汁置于库仑池中，搅拌均匀后在不断搅拌下重新按下启动键和电解开关，进行电解电量，其单位为毫库仑（mQ）。

6. 重复步骤 5 操作，平行测定 3 次。

## 五、数据记录及处理

分别计算三次测得果汁中维生素 C 浓度（$\mu g/mL$），求其平均值。

## 六、注意事项

1. 维生素 C 在水溶液中易被溶解氧所氧化，但在酸性 NaCl 溶液中较稳定，放置 8h 的偏差为 0.5%~0.6%。若所用的蒸馏水预先用 $N_2$ 除氧，效果更好。

2. 本法采用两次终点法，将底液处在终点状态，加试样溶液后电解滴定到相同终点以消除系统误差。

3. 接线正负端不可接反。电解电流不宜过大，电解过程中溶液要保持有效搅拌。

4. 电解液以一次性使用为宜，多次反复加入试液会产生较大的误差。

## 七、思考题

1. 讨论本实验滴定中可能的误差来源及其预防措施。

2. 为什么在加入果汁试液前，先要进行预电解。

## 实验 37  苹果汁中 K 离子的测定

### 一、实验目的

1. 了解 K 离子的测定方法。
2. 掌握原子吸收光谱法测定 K 离子的原理和分析方法。
3. 熟悉、掌握原子吸收光谱仪的操作步骤。

### 二、实验原理

钾是人体内不可缺少的常量元素，一般成年人体内约含钾元素 150g，其作用主要是维持神经、肌肉的正常功能。因此，人体一旦缺钾，正常的运动就会受到影响。缺钾不仅精力和体力下降，而且耐热能力也会降低，使人感到倦怠无力。严重缺钾时，可导致人体内酸碱平衡失调、代谢紊乱、心律失常、全身肌肉无力、懒动。钾的作用是：①调节细胞内适宜的渗透压；②调节体液的酸碱平衡；③参与细胞内糖和蛋白质的代谢；④维持正常的神经兴奋性和心肌运动；在摄入高钠而导致高血压时，钾具有降血压作用。缺钾会产生的病症：钾缺乏可引起心跳不规律和加速、心电图异常、肌肉衰弱和烦躁，最后导致心搏停止。

$K^+$ 的测定方法有原子吸收法、离子色谱法、离子选择性电极法等。其中原子吸收光谱法测定 $K^+$ 灵敏度较高，应用最广。

### 三、仪器与试剂

**1. 仪器**

MK-Ⅲ 型光纤压力自控密闭微波溶样系统；Vario6 原子吸收分光光度计；钾空心阴极灯；JUN-AIR 空气压缩机；乙炔钢瓶及调压器；移液管和比色管。

**2. 试剂**

$HNO_3$（GR）：浓、1%、10%；$H_2O_2$（AR）；NaCl（10g/L）；（1+1）HCl。

钾标准溶液（100μg/mL）：称取 0.9534g 经 150℃±3℃烘烤 2h 的氯化钾，精确至 0.0001g。置于 50mL 烧杯中。加水溶解，转移到 500mL 容量瓶中。加 2mL 盐酸溶液（1∶1），用水定容至刻度，摇匀。取 10.00mL 于 100mL 容量瓶中，用水定容至刻度，摇匀。

**3. 主要实验条件**

（1）微波消解条件。称样量：5g；$HNO_3$（GR）：4mL；$H_2O_2$（AR）：1mL；0.5MPa，3min；1MPa，4min。

（2）原子吸收分析条件见表 6-1。

表 6-1  钾的原子吸收分析条件

| 元素 | 波长/nm | 灯电流/mA | 光谱通带/nm | 压缩空气流量/(L/h) | 乙炔流量/(L/h) | 燃烧器高度/mm |
|---|---|---|---|---|---|---|
| 钾 | 766.5 | 5 | 0.5 | 400 | 65 | 6 |

## 四、实验步骤

1. 苹果汁样品处理

准确称取 5g 样品于内消化罐中，加入 4 mL $HNO_3$ 和 1mL $H_2O_2$（20 滴），将内罐放入外罐，旋上盖后放入 MK-Ⅲ 型光纤压力自控密闭微波炉中，以 0.5MPa 3min；1MPa 4min 的消化条件进行微波消解，冷却后在通风橱中打开消化罐，滴入 0.5mL（10 滴）$H_2O_2$ 除去过量 $HNO_3$，移入 25mL 比色管中定容。

2. 按表 6-2 在 7 个 10mL 比色管中准确配制钾的标准溶液。

表 6-2 钾标准溶液配制

| 标准系列 | 1# | 2# | 3# | 4# | 5# | 6# | 7# | 加入底液 |
|---|---|---|---|---|---|---|---|---|
| 配制浓度/($\mu g/mL$) | 0 | 2 | 4 | 8 | 12 | 16 | 20 | 2mL 10% $HNO_3$ |
| 取 100$\mu g/mL$ 标液体积/mL | | | | | | | | 0.4mL 10g/L NaCl |

3. 准确吸取一定量试样于 10 mL 比色管中，加入相应的底液后用高纯水稀释至刻度定容。
4. 测定标准系列溶液吸光度，制作标准曲线。
5. 测定试样溶液吸光度，求出待测元素含量。

## 五、数据记录及处理

样品中钾的含量按式(6-3) 计算：

$$x = \frac{(c_1 - c_{01}) \times 250}{m_1 V_1} \tag{6-3}$$

式中　$x$——样品中钾的含量，mg/kg；

$c_1$——从工作曲线上查出（或用回归方程计算出）试液中钾的含量，mg/L；

$c_{01}$——从工作曲线上查出（或用回归方程计算出）试剂空白消化液中钾的含量，mg/L；

$m_1$——样品的质量，g；

$V_1$——测定时吸取试液的体积，mL。

## 六、注意事项

1. 清洁度

原子吸收光谱分析待测元素含量一般很低，实验室的环境和器皿对测定影响较大。实验室应严格保持清洁；器皿洗干净后要用（1+3）$HNO_3$ 浸泡过夜，使用前先用自来水冲洗，再依次用蒸馏水、高纯水洗干净备用。

2. 高压密闭微波消解系统的安全使用

密闭微波消解样品是将试样和溶剂盛放在密闭容器里进行微波加热，容易产生高压、超压。如果处理方法和操作不当，就可能会发生消解罐爆裂或烧坏，严重的会发生消解罐爆炸的危险。

(1) 严禁未经学习或培训的人员操作微波消解系统，实验使用时必须有教师在场检查和指导。

(2) 务必严格按照操作规程进行操作。

3. 乙炔气体的安全使用

(1) 正确操作钢瓶减压阀，总阀门旋开不应超过 1.5 转，防止丙酮逸出。出气阀顺时针为"开"，出气压力一般为 0.1MPa，不能超过 0.15MPa。

(2) 防止回火：废液瓶应盖紧，不能漏气；减压阀出口端安装回火阻止器。

(3) 阀门和所有进出气管路均不能漏气，用毕及时关好。

4. 标准溶液测定从稀到浓，换上未知样前要用水洗，避免记忆效应。

## 七、思考题

1. 如何消除钾离子的电离干扰？应如何配制底液？
2. 微波消解与湿法消解处理样品相比有什么优点？

# 实验 38　苹果汁中有机酸的分析

## 一、实验目的

1. 了解有机酸的分析方法。
2. 掌握高效液相色谱的内标法定量方法。
3. 掌握高效液相色谱的仪器操作。

## 二、实验原理

苹果中的有机酸主要是苹果酸和柠檬酸。在酸性流动相条件下（如 pH＝2～5），上述有机酸的离解得到抑制，利用分子状态的有机酸的疏水性，使其在 $C_{18}$ 键合相色谱柱中能够保留。由于不同有机酸的疏水性不同，疏水性大的有机酸在固定相中保留强，较晚流出色谱柱，否则较早流出，从而使各组分得到分离。

采用内标法对苹果汁中的苹果酸和柠檬酸进行定量分析。选择酒石酸为内标物，在波长 210nm 采用紫外检测器进行检测。

## 三、仪器与试剂

1. 仪器

Agilent1100 高效液相色谱仪、ODS（I.D. 4.0mm×$L$ 125mm）色谱柱、紫外检测器。

2. 试剂

磷酸二氢铵（优级纯），苹果酸（优级纯），柠檬酸、酒石酸皆为优级纯，重蒸去离子水。苹果汁（市售）。

磷酸二氢铵溶液：配制 8mmol/L 的水溶液和 2mmol/L 水溶液。

苹果酸标准溶液：准确称取一定量的苹果酸，用重蒸水配制 1000mg/L 的溶液，使用时适当稀释。

柠檬酸、酒石酸标准溶液：配制水溶液，方法同苹果酸。

三种有机酸的混合标准溶液：各含约 200mg/L。

苹果汁：用 0.45μm 滤膜过滤后备用。

## 四、实验步骤

1. 将实验使用的流动相用 0.45μm 滤膜过滤和超声波脱气处理。
2. 参照仪器操作规程开机，排空流路中的气泡。
3. 设置实验参数：$C_{18}$ 键合相色谱柱，流动相为 0.8mmol/L 和 0.2mmol/L 的磷酸二氢铵水溶液，比例为 1∶1（体积比），流速为 1.0mL/min，柱温为 30℃，紫外检测波长为 210nm，进样量为 20μL。
4. 启动色谱系统，待基线稳定后，注入 3 中有机酸的混合标样，观察分离情况。
5. 调整流动相比例，使 3 种有机酸得到良好分离。
6. 分别注入 3 种有机酸的标样，根据保留时间进行定性。
7. 注入有机酸混合标样，重复 3 次（峰面积误差小于 3%），用于计算各自的校正因子。
8. 注入待测苹果汁的样品，重复 3 次（峰面积误差小于 3%）。
9. 准确称量 0.5g 内标物酒石酸样品，加入到准确称量的 3g 待测苹果汁样品中，摇匀待用。
10. 注入含有内标物的待测苹果汁样品，重复 3 次（峰面积误差小于 3%）。
11. 按关机程序关机。

## 五、数据记录及处理

1. 计算 3 种有机酸的校正因子和分离度。
2. 按外标法计算苹果汁中苹果酸和柠檬酸的含量。
3. 以酒石酸为内标物，按内标法计算苹果汁中苹果酸和柠檬酸的含量，与外标法的结果进行比较，并加以讨论。

## 六、注意事项

1. 配制样品时，称量一定要准确。
2. 实验结束后以纯水为流动相，冲洗色谱柱，以避免柱的堵塞。

## 七、思考题

1. 假设以 50% 的甲醇-水或 50% 乙腈-水为流动相，苹果酸、柠檬酸的保留值会如何变化？
2. 流动相中磷酸二氢铵的浓度变化，对组分分离有什么影响？
3. 针对苹果汁中苹果酸和柠檬酸的分析，说明外标法定量和内标法定量的优缺点。

# 实验 39　苹果汁中有机磷农药残留的测定

## 一、实验目的

1. 了解和掌握有机磷农药残留的气相色谱检测技术。
2. 了解固相微萃取样品预富集技术。

## 二、实验原理

有机磷杀虫剂（OPPs）具有广谱、高效、残留毒期短等特点，在我国的使用已有 30 多年历史，主要应用于水果、蔬菜、棉花和粮食作物，由于其毒性高、使用广泛，其污染和检测方法的研究日益活跃。目前，有机磷农药残留的检测主要采用气相色谱毛细管柱分离，火焰光度检测器进行检测。在检测过程中，前处理往往是决定方法优劣至关重要的一步，提取和净化的选取对检测结果有较大影响。食品中有机磷农药分析的前处理方法主要有液-液萃取（LLE）、超临界流体萃取（SFE）、固相萃取（SPE）等。需要使用大量有机溶剂，步骤繁琐、耗时过长、危害实验人员健康。在有效除去干扰物的前提下很难充分提取出多种残留农药。

固相微萃取（SPME）是一种基于吸附和解吸的样品前处理技术，采用混合溶剂提取，固相萃取净化，然后采用气相色谱毛细管柱分析，其背景干扰物少、溶剂消耗少、分离效果好，且灵敏准确、快速简便。与色谱技术结合，目前已应用于水、饮料、水果等体系中有机磷农药残留的分析。

固相微萃取装置类似于一支气相色谱的微量进样器，如图 6-1 所示，萃取头是在一根石英纤维上涂上固相微萃取涂层，外套细不锈钢管以保护石英纤维不被折断，纤维头可在钢管内伸缩。将纤维头浸入样品溶液中或顶空气体中一段时间，同时搅拌溶液以加速两相间达到平衡的速度，待平衡后将纤维头取出插入气相色谱汽化室，热解吸涂层上吸附的物质。被萃取物在汽化室内解吸后，

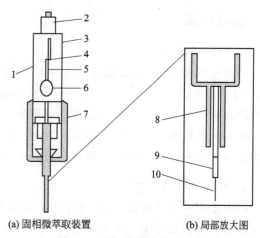

(a) 固相微萃取装置　　(b) 局部放大图

图 6-1　固相微萃取装置示意

1—手柄；2—活塞；3—外套；4—活塞固定螺杆；5—Z 沟槽；
6—连接器观察窗口；7—可调针头导轨/深度标记；
8—隔垫穿孔针头（不锈钢管）；9—纤维固定管（不锈钢丝）；
10—弹性硅纤维涂层

靠流动相将其导入色谱柱，完成提取、分离、浓缩的全过程。在 SPME 过程中，涂层对样品基质和待测物存在竞争吸附，根据"相似相溶"原理，分析不同极性的待测物要用不同极性的高分子涂层进行萃取，才可达到对待测物的最大萃取量。

## 三、仪器与试剂

1. 仪器

SP-6800A 气相色谱仪带火焰光度检测器（FPD）、热解析仪；HP-5 石英毛细管柱

(30m×0.53mm，2.65μm，美国惠普公司)；SPME 装置及涂层为 85μm 聚丙烯酸酯 (polyacrylate，PA) 和涂层为 5μm 的聚二甲基硅氧烷 (polydimethylsiloxane，PDMS) 石英纤维萃取头（长约 1.0cm，用时将 PA 萃取头在 300℃进样口活化 2.0h，PDMS 萃取头在 320℃活化 1.0h）。4.0mL 样品小瓶。

色谱参考条件：柱温起始为 120℃，保持 1.0min；然后以 25℃/min 升至 150℃，保持 2.0min；再以 20℃/min 升至 220℃，保持 1.0min；最后以 5℃/min 升至 250℃，保持 5min。载气为高纯氮气（99.999%），柱前压为 110kPa；火焰光度检测器检测；进样口温度 250℃，检测器温度 260℃。

2. 试剂

浓缩苹果汁；丙酮、氯化钠均为分析纯；去离子水；有机磷农药标准品：甲胺磷、乙酰甲胺磷、水胺硫磷；毒死蜱（100μg/mL，国家标准物质研究中心）。

标准溶液的制备：分别吸取 4 种 2.0μg/mL 的有机磷标准储备液 1.0mL 于 50mL 容量瓶中，用氮气吹干。加入 2.5g 氯化钠和 0.5mL 丙酮，用超纯水溶解并定容至刻度，使待测液中含 5%氯化钠、1%的丙酮，由此配制成 0.04μg/mL 的 4 种有机磷混合标准溶液。将有机磷混合标准溶液取一定量用含 5%氯化钠和 1%丙酮的超纯水溶液稀释，配制 2.0ng/mL 的 4 种有机磷混合标准溶液。

## 四、实验步骤

1. 标准曲线绘制

用微量移液器分别移取 2.0ng/mL 的 4 种有机磷混合标准溶液 0.10mL、0.20mL、0.50mL、1.50mL、2.50mL、5.00mL 于 50mL 的容量瓶中，用含 5%NaCl、1%丙酮的超纯水溶液配成 0.04~2.0ng/mL 浓度范围的 4 种有机磷混合标准溶液，相当于检测样品中 4 种有机磷含量均为 0.4~20.0μg/kg，在上述色谱条件下上机测定，以各组分的峰面积对质量浓度绘制标准曲线，得到线性方程及相关系数。

2. 样品处理及测定

称取浓缩苹果汁样品 5.0g 于 50mL 容量瓶中，加入 2.5g 氯化钠和 0.5mL 丙酮，用超纯水溶解并定容至刻度，摇匀。样品溶液中含氯化钠 5%、丙酮 1%。准确吸取 4.0mL 样品溶液于样品小瓶中，将 PA 纤维萃取头在手动 SPME 手柄作用下，插入样品液中，于水浴温度 40℃、磁力搅拌速度 1000r/min、浸没时间 50min 条件下，对样品溶液中的有机磷进行萃取。萃取完成后，将萃取头在 250℃气相色谱进样口解吸 6min 以上，进行有机磷的测定。记录样品中各组分的峰面积，对照标准曲线计算苹果汁中各有机磷组分的含量。

## 五、数据记录及处理

1. 标准溶液各有机磷组分的峰面积记录。

| 浓度/(μg/kg) | 0.4 | 0.8 | 2.0 | 6.0 | 10.0 | 20.0 |
| --- | --- | --- | --- | --- | --- | --- |
| 甲胺磷 | | | | | | |
| 乙酰甲胺磷 | | | | | | |
| 水胺硫磷 | | | | | | |
| 毒死蜱 | | | | | | |

2. 以各组分的峰面积对质量浓度绘制标准曲线，得出线性方程及相关系数。
3. 苹果汁中各有机磷组分的峰面积记录。

| 甲胺磷 | 乙酰甲胺磷 | 水胺硫磷 | 毒死蜱 |
|---|---|---|---|
|  |  |  |  |

根据苹果汁样品中各有机磷组分峰面积，分别在标准曲线中查出苹果汁样品中各组分的浓度（µg/kg）。

## 六、注意事项

1. 搅拌速度会影响萃取的效率，因此样品处理时搅拌需充分。
2. 固相微萃取装置较为精密，使用时应按照教师的指导，仔细操作。

## 七、思考题

1. 苹果汁样品处理时为什么要加入 NaCl？
2. 为使萃取效率提高，固相微萃取头的涂层应如何选择？

## 参考文献

[1] NYT 434—2007 绿色食品——果蔬汁饮料. 2008.
[2] GBT 12143.2—1989 果蔬汁饮料中氨基态氮的测定方法（甲醛值法）. 1989.
[3] 孔祥虹. 固相微萃取-气相色谱法测定浓缩苹果汁中的 8 种有机磷农药残留[J]. 食品科学, 2009, 30: 196-200.